Welche Alpenblume ist das?

Der Kosmos-Farbcode teilt die Blumen anhand der Blütenfarbe in folgende Gruppen ein:

Kosmos Basics

Welche Alpenblume ist das?

Manuel Werner

KOSMOS

Das sehr seltene Alpen-Edelweiß: goldgelbe Blüten in leuchtend weißem »Stern«

Blütenreichtum über der Waldgrenze

Durch ihre gewaltige Höhe und ihre Struktur bieten die Alpen sehr vielfältige Lebensräume. Aufgrund unterschiedlicher Böden und Klimabedingungen herrschen dort ganz verschiedene Verhältnisse, an die sich Tausende von Pflanzen auf ganz unterschiedliche und faszinierende Weise angepasst haben.

Vor allem oberhalb der Waldgrenze erstrecken sich die alpinen Rasen oder Matten. Sie können sehr vielfältig blütenreich sein und sind im Gegensatz zu den Viehweiden (Almen, Alpen) und den Mähwiesen (Mähdern) ohne menschliches Zutun entstanden. Man braucht sehr viel Glück, um in solchen alpinen Rasen auch einmal das sehr seltene Alpen-Edelweiß zu finden, doch es wächst so gut wie immer an Stellen, an die selbst Unsportliche problemlos hingelangen können.Es ist keine Steilfels-Pflanze, obwohl es auch an Felsbändern vorkommen kann. Nach der letzten eiszeitlichen Kaltzeit ist es aus Hochsteppen Zentralasiens eingewandert. Damals waren die Alpen vegetationsarm und steppenähnlich, denn der Eispanzer, der die meisten Berge überdeckt hatte, war gerade erst abgeschmolzen. In der Mongolei wird Edelweiß als Heilkraut und zum Feuermachen verwendet.

Bevor es zur Symbolpflanze der Alpen wurde, nutzten die Bergbewohner diese »ewige Blume« als haltbaren Blumenstrauß und ebenfalls als wirksame Heilpflanze. Das blendende Weiß entsteht durch Lichtreflexion vieler Luftbläschen an den verfilzten Haaren, die auch dem Schutz vor ultravioletter Strahlung dienen.

Auffallen um jeden Preis: enorme Blütenvielfalt

Die prächtigen Blüten der Alpenblumen erfreuen nicht nur Wanderer und Spaziergänger, sondern sie haben eine ganz bestimmte Funktion. Sie sind so auffällig gefärbt und vielfältig geformt, damit bestäubende Hummeln, Schmetterlinge und Fliegen sofort den Weg zu ihnen finden. Denn in den Hochlagen der Alpen ist die Zeitspanne kurz, an denen Tage so warm sind, dass Insekten fliegen können – da muss man auffallen, um Bestäuber anzulocken. Als Gegenleistung für die Bestäubung erhalten die Blütenbesucher süßen Nektar, der manchmal tief in der Blüte verborgen ist, oder auch nahrhaften Blütenstaub, den Pollen.

Drei alpine Erfolgsrezepte: niedrig, polsterförmig, große Blüten

Bei Alpenblumen sind die Blüten oft im Verhältnis zum Stängel oder zu den Blättern recht groß. Ein Paradebeispiel hierfür ist der Stängellose Kalk-Enzian. Wie auch der Zwergwuchs vieler Alpenblumen ist dies eine perfekte Anpassung an die oft extremen Verhältnisse in diesen Höhen, denn niedrige Pflanzen werden vom Sturm nicht so gebeutelt und weniger vom Wind ausgetrocknet. Außerdem profitieren sie von der Bodenwärme und haben den Vorteil, dass sie im Winter rascher vom isolierenden Schnee

Gegenblättriger Steinbrech: große Blüten, kleine Blätter, flache Polster

Berg-Hauswurz: Rote »Blütensterne« ragen aus einem Rosettenpolster.

bedeckt werden und so vor Frost geschützt sind. Manche Hochgebirgspflanzen wachsen zudem polsterförmig. Wie ein gewölbter Schutzschild lassen diese kompakten Wuchsformen widrige Einflüsse wie heftige Stürme, starken Frost und austrocknenden Wind außen vor.
Alpenpflanzen finden sich nicht nur in Felsspalten. Manche sind perfekt an labile Gesteinsschutthänge angepasst, andere an dünger- und damit nährstoffreiche Viehlagerstätten, wieder andere an nährstoffarme alpine Rasen. Auch gibt es viele Stoffwechselspezialisten: Manche sind an sehr kalkhaltigen Untergrund angepasst, der zum Beispiel in den Dolomiten oder den Allgäuer Alpen vorherrscht, andere an saure Bodenverhältnisse, wie sie auf sogenanntem silikatischen Gestein wirksam sind. Aus silikatischem Gestein, z.B. Gneis, sind die Zentralalpen überwiegend aufgebaut. In den Verbreitungsangaben wird unter ihnen auch der Bereich des Hauptkamms der Westalpen, nicht nur der der Ostalpen, verstanden.

Zum Aufbau des Buchs

Dieses Buch bietet einen Einblick in die Vielfalt der Alpenblumen. Neben den wichtigsten Merkmalen und Angaben zum Vorkommen und Lebensraum finden Sie in den Porträts viele interessante und wissenswerte Informationen zu jeder Pflanze. Bewusst werden botanische Fakten in möglichst einfacher Sprache nahegebracht, sodass auch der Einsteiger alles mühelos versteht. Ganz ohne botanische Fachausdrücke ist eine korrekte und anschauliche

Stängelloser Kalk-Enzian: prächtige, riesige Blüte und ein extrem kurzer Stängel

Der Gelbe Alpen-Mohn hat Blüten so zart wie Seidenpapier.

Beschreibung der Pflanzen allerdings nicht möglich. Solche Begriffe sind jedoch auf ein Mindestmaß beschränkt und werden außerdem auf der hinteren Umschlagseite in Form von beschrifteten Skizzen erläutert.
Einzig die wissenschaftlichen Artnamen sind unverzichtbar, denn erst der wissenschaftliche Name sagt eindeutig aus, welche Pflanzenart denn nun gemeint ist. Die deutschen Artnamen und die wissenschaftlichen Bezeichnungen folgen der neuesten Auflage des »Handwörterbuchs der Pflanzennamen« von Zander (2008).
Die Pflanzen in diesem Buch sind zunächst nach ihrer Blütenfarbe geordnet. Innerhalb der Blütenfarben wird dann nach dem Bau der Blüten unterschieden. Zunächst finden Sie Pflanzen, deren Blütenblätter strahlig-symmetrisch, also sternförmig angeordnet sind. Sie sind wiederum in drei Gruppen unterteilt: in Pflanzen mit bis zu vier Blütenblättern, solchen mit fünf Blütenblättern und schließlich Pflanzen, deren Blüten mehr als fünf Blütenblätter besitzen. Den Abschluss bilden Pflanzen mit zweiseitig-symmetrischen Blüten. Innerhalb dieser Gruppen ist mitunter ein besonderer Fall enthalten: Manchmal sieht es nur so aus, als habe eine Blume eine einzige Blüte. In Wirklichkeit besitzt sie aber viele winzige Blüten, die zu einer sogenannten Scheinblüte angeordnet sind, die wie eine sehr große Blüte aussieht.

Schutz der Alpenpflanzen

Noch ein Wort zum Schluss: Als reichhaltiger Schatz sind alle unsere Alpenblumen geschützt. Sie dürfen also nicht gepflückt oder ausgegraben werden.

Die Alpenblumen

> vier große Blütenblätter
> besiedelt Kies und Geröll
> ist dort oft die erste Pflanzenart

Fleischers Weidenröschen
Epilobium fleischeri

Merkmale Höhe 10–50 cm; Blüten zartrosa, Durchmesser 2–3 cm, zu fünf bis zehn pro Stängel; Blütezeit Juli–August. **Vorkommen** Zentralalpen, Westalpen, bis 2700 m; Kies, Geröll, Flussschotter, an Bergbächen. **Wissenswertes** Fleischers Weidenröschen ist oft als erste Art an neu entstandenen Kiesbänken oder Schuttablagerungen von Gletschern zu finden. Mit Ausläufern und flugtüchtigen Samen breitet es sich dort rasch aus. Wenn andere Pflanzen ihm Konkurrenz machen, verschwindet dieser »Erstbesiedler« und »Rohboden-Pionier« aber ebenso schnell wieder.

> seine Polster schmücken Stein und Fels in Kalkgebieten
> viele duftende Blüten

Steinschmückel
Petrocallis pyrenaica

Merkmale Höhe 2–10 cm; Blüten zartrosa bis hellviolett, Durchmesser 0,7–1 cm, jeweils zu mehreren; Stängel blattlos; Blütezeit Juni–Juli. **Vorkommen** Kalkalpen, bis 3400 m; steiniger Untergrund. **Wissenswertes** Diese Art überdauerte die Eiszeit an damals eisfreien Stellen der Alpen. Von dort breitete sie sich wieder aus und kommt deshalb heute nur lückenhaft vor. Trotz lockerer Polster hält die Pflanze austrocknenden Winden und Windschliff durch vom Wind mitgeführten Sandkörnern stand. Die Polster sind außen recht fest, innen aber hohl und bleiben so länger feucht.

> an lockere Geröllhänge angepasst
> rundlich-ovale Blätter
> Blüten oft unsymmetrisch, duften

Rundblättriges Hellerkraut
Thlaspi cepaeifolium subsp. *rotundifolium*

Merkmale Höhe 3–15 cm; Blüten hellviolett bis tieflila, oft unsymmetrisch, Durchmesser 0,8–1,6 cm; bilden halbkugeligen Blütenstand; Blütezeit Juni–September. **Vorkommen** Kalkalpen, bis 3400 m; Kalkschutthalden. **Wissenswertes** Die Samen keimen tief unten im Geröll. Die Pflanze ist mit einer tiefen Hauptwurzel im Geröll verankert und durchzieht es mit langen Kriechtrieben. Wird sie verschüttet, verlängern sich diese Triebe, wachsen wieder zum Licht und verwurzeln neu. So ist dieser typische »Schuttwanderer« perfekt an beweglichen Gesteinsschutt angepasst.

> Polster über und über mit rosa Blüten bedeckt
> auch Gletscher-Mannsschild genannt

Alpen-Mannsschild
Androsace alpina

Merkmale Höhe 1–3 cm; Blüten rosa mit gelblicher Mitte, selten weiß, Durchmesser 0,6–0,9 cm; Blätter schmal, 0,3–0,6 cm lang; Blütezeit Juli–August. **Vorkommen** Vor allem in den Zentralalpen, bis 4200 m; feuchte Böden, die oft lange von Schnee bedeckt sind, ruhender Schutt. **Wissenswertes** Der Alpen-Mannsschild gehört zu den zehn Blütenpflanzen der Alpen, die auch in sehr großer Höhe anzutreffen sind. Mit einer Pfahlwurzel und dem kräftigen Feinwurzelwerk ist dieser »Schuttbefestiger« fest im Gesteinsschutt verankert und stabilisiert ihn gleichzeitig.

> Blüten rosa, innen gelb
> nur in den Westalpen
> Blattspitzen zurückgekrümmt

Fleischroter Mannsschild
Androsace carnea

Merkmale Höhe 2–8 cm; Blüten hellrosa mit gelber Mitte, selten weiß, Durchmesser 0,5–0,9mm, zu zwei bis zehn pro Stängel; Blätter vor allem in Grundrosetten, untere Blätter bis 2 cm lang und nur 0,2 cm breit; Blütezeit Juni–August. **Vorkommen** Nur in den Westalpen, bis 3000 m; steinige, feuchte Böden. **Wissenswertes** Diese an saure Böden angepasste Art wächst vereinzelt von den Seealpen bis zum Simplon-Pass, ansonsten in den Pyrenäen, der Auvergne und den Vogesen. Meist ist sie auf Feinschutt anzutreffen, der von Schmelzwasser durchfeuchtet ist.

> Blätter ähneln Gras
> halbkugeliger Blütenstand
> südtirolerisch »Schlernhexe«

Alpen-Grasnelke
Armeria alpina

Merkmale Höhe 7–25 cm; Scheinblüte rosa bis purpurn, halbkugelig bis kugelig, Durchmesser 1,8–2,6 cm, von trockenen Hüllblättern umgeben; Blütezeit Juni–Juli. **Vorkommen** Fast gesamte Alpen, bis 3000 m; alpine Rasen, steile Südhänge, Felsspalten. **Wissenswertes** Die schmalen Blätter am unteren Stängelabschnitt ähneln Grasbüscheln. Der Blütenstand erinnert an eine Sorte der Gartennelke, die Pflanze gehört jedoch zu einer anderen Familie. Die verwandte Strand-Grasnelke *(A. maritima)* ist an salzhaltige Böden der Küsten angepasst, die Galmei-Grasnelke (*A. m.* subsp. *halleri*) an schwermetallhaltige Böden.

Schlangen-Knöterich
Bistorta officinalis

> auf feuchten Wiesen
> walzenförmiger Blütenstand
> in kleinen Mengen essbar

Merkmale Höhe 30–120 cm; Blüten hell- bis dunkelrosa, 0,4–0,5 cm lang, dicht an dicht in 2–7 cm langem, zylindrischem Blütenstand; Stängel aufrecht, wenig beblättert; untere Blätter bis 20 cm lang; Blütezeit Mai–August. **Vorkommen** Gesamte Alpen, bis 2500 m; Bergwiesen, Bachränder. **Wissenswertes** Der Wurzelstock ist schlangenartig gewunden und zudem mit Blattresten bedeckt, die Reptilienschuppen ähneln. Deswegen wurde er einst gegen Schlangenbisse verwendet. In kleinen Mengen kann man junge Blätter, Stängel und Wurzeln als Wildgemüse verwenden.

Alpen-Heilglöckchen
Cortusa matthioli

> purpurrote Blütenglöckchen
> Überbleibsel der warmen Zwischeneiszeit

Merkmale Höhe 20–40 cm; Blüten glöckchenförmig, purpurrot, 0,7–1,2 cm lang, nickend, zu drei bis zwölf auf einem Stängel; Stängel blattlos, behaart; Blätter bis zu 12 cm breit, fast kreisrund, eingekerbt; Blütezeit Mai–Juli. **Vorkommen** Ostalpen ab Graubünden, Westalpen, bis 2000 m; kühle, feuchte Orte. **Wissenswertes** Die frischen Blätter duften leicht nach Honigwaben. Man schrieb ihnen früher heilkräftige Wirkung bei Wunden und Nervosität zu, daher der Name »Heilglöckchen«. Diese Pflanzenart hat die eiszeitliche Kaltzeit an eisfreien Überdauerungsorten überstanden.

Sternbergs Nelke
Dianthus monspessulanus subsp. *sternbergii*

> fein zerschlitzte Blütenblätter
> »Dolomiten-Nelke« genannt
> abstehende Blätter

Merkmale Höhe 10–20 cm; Blüten zartrosa bis hellpurpur, Durchmesser 1,8–3,5 cm, einzeln auf aufrechtem Stängel, in tieferen Lagen auch zwei bis vier Blüten; Blätter am Stängel steif, fast waagrecht abstehend; Blütezeit Juni–Juli. **Vorkommen** Südliche und östliche Ostalpen, bis 2500 m; alpine Rasen, Felsschutt. **Wissenswertes** Sternbergs Nelke kommt in den Südlichen Kalkalpen zerstreut vor, hauptsächlich in Slowenien. In den Nördlichen Kalkalpen wächst sie nur im Dachstein-Gebiet. Ihre Blütenblätter sind tief in schmale Zipfel zerschlitzt.

> Blütenblätter unterseits gelblich
> an sonnigen Hängen
> Futterquelle für Schmetterlinge

Pfauen-Nelke
Dianthus pavonius

Merkmale Höhe 5–15 cm; Blüten rosa bis purpurfarben, Durchmesser 1,5–2,5 cm, einzeln auf aufrechtem Stängel, Unterseite der Blütenblätter grünlich gelb; Blätter lang, schmal, grasartig; Blütezeit Juli–August. **Vorkommen** Westalpen: Meeralpen bis ins Aostatal, in den Südlichen Ostalpen in der Brentagruppe, bis 3000 m; steinige, trockene alpine Rasen, Felsschutt. **Wissenswertes** Die Pfauen-Nelke ist für Schmetterlinge eine sehr attraktive Futterpflanze. Die hübsche, reich blühende Art wird für den Steingarten, für Tröge und größere Pflanzschalen verwendet.

> prachtvolle, große Blüte
> stark zerschlitzte Blütenblätter
> von Schmetterlingen bestäubt

Pracht-Nelke
Dianthus superbus

Merkmale Höhe 20–30 cm; Blüten weißlich, hell purpurfarben bis lila, Durchmesser 3–4 cm, meist zu eins bis fünf pro Stängel, Blütenblätter bis ungefähr zur Mitte in breit waagrecht abstehende Fransen zerschlitzt; Blätter lang und schmal; Blütezeit Juni–September. **Vorkommen** Ostalpen und Südalpen, bis 2400 m; Wiesen, steinige alpine Rasen, meist eher feuchte Böden. **Wissenswertes** Die großen Blüten mit ihren zerschlitzten Kronblättern sind sehr auffallend. Sie locken bestäubende Insekten an. An den Nektar kommen nur Schmetterlinge mit langem Saugrüssel.

> an steinigen Plätzen
> rosa Blüte ohne Muster
> an sonnigen, warmen Orten

Stein-Nelke
Dianthus sylvestris

Merkmale Höhe 5–30 cm; Blüten rosa bis rotviolett, am Rand etwas gefranst, Durchmesser 2–2,4 cm, nicht duftend; Blätter schmal, grasartig, grasgrün-blaugrün, bis zu 4 cm lang; Blütezeit Juni–August. **Vorkommen** Gesamte Alpen, bis 2800 m; alpine Rasen, Felsspalten, warmer, steiniger, ungedüngter Boden. **Wissenswertes** Wo die Stein-Nelke wächst, sind die Bodenverhältnisse sehr trocken. Der Name »Nelke« kommt vom mittelhochdeutschen »negelkin« (»Nägelchen«). Die Stein-Nelke wird auch heute noch Steinnagele, Wildes Nägeli, Berg-Nägeli usw. genannt.

- Blüten purpurrot, innen gelblich
- aus der Wurzel brennt man Schnaps
- kalkarme Böden

Purpur-Enzian

Gentiana purpurea

Merkmale Höhe 20–60 cm; Blüten purpurrot, kuhglockenförmig, 2,5–4 cm lang; zu zwei bis sechs; Blätter gekreuzt gegenständig; Blütezeit Juli–September. **Vorkommen** Fast nur in den Westalpen, in den Ostalpen bis zur Silvretta und zum Arlbergpass, bis 2700 m; Viehweiden, Zwergstrauchheiden. **Wissenswertes** Die Wurzel dieser Art wird noch lieber als die des Gelben Enzians zur Herstellung von Schnaps verwendet. Die Blüten duften zart nach Rosen und werden von Hummeln bestäubt. In den Ostalpen wird er von dem ähnlichen Pannonischen Enzian *(G. pannonica)* vertreten.

- Früchte ähneln einem Storchschnabel
- Blütenblätter mit Ader-Musterung

Wald-Storchschnabel

Geranium sylvaticum

Merkmale Höhe 30–70 cm; Blüten lila-rotviolett bis blauviolett, in der Mitte weißlich, Durchmesser 2,5–3,5 cm, Stängel aufrecht, gabelig verzweigt; Blätter handförmig, bis zu 10 cm breit; Blütezeit Juni–September. **Vorkommen** Gesamte Alpen, bis 2500 m; lichte Wälder, Wiesen, tiefgründiger, leicht feuchter Boden. **Wissenswertes** Die dunklen Längsadern auf den Blütenblättern und die weiße Blütenmitte weisen den bestäubenden Insekten den Weg zum Nektar. Ein Haarkranz an der Basis der Blütenblätter deckt den Nektar vor Regen schützend ab.

- kriechender Zwergstrauch
- hellrosa Blüten
- auch Gämsheide und Felsenröschen genannt

Alpenazalee

Loiseleuria procumbens

Merkmale Höhe meist 1–5 cm; Blüten hellrosa, 0,4–0,6 cm lang, kelchförmig, mit fünf Zipfeln, zu zwei bis fünf; Blütezeit Juni–Juli. **Vorkommen** Zentralalpen, bis 3000 m; windexponierte Gratrücken, Felsblöcke, alpine Rasen. **Wissenswertes** Dieser kriechende Zwergstrauch erträgt mit seinen derben, länglichen, nach unten umgerollten und gegenständigen Blättern extrem scharfen Wind sowie Temperaturen bis –60 °C. Zur Blütezeit taucht er große Flächen in zartes Rosa. Wenn die Schneedecke fehlt, verfärben sich die ansonsten dunkelgrünen Blätter braunrot.

- blasslila Blüten
- lockt Schwebfliegen und Falter an
- in feuchtwarmen Felsspalten

Schopfteufelskralle
Physoplexis comosa

Merkmale Höhe 5–15 cm; Blüten blasslila, unten schlauchig aufgeblasen, oben fadenförmig, in einem Blütenstand mit 3–7 cm Durchmesser aus zehn bis 30 Blüten; Blütezeit Juni–August. **Vorkommen** Südliche Kalkalpen, bis 2000 m; feuchte Felsspalten, Schluchten. **Wissenswertes** Die Schopfteufelskralle war vor der eiszeitlichen Kaltzeit wesentlich weiter verbreitet und ist ein Überbleibsel aus dem geologischen Zeitabschnitt Tertiär, in dem es in Europa wesentlich wärmer war als heute. In warmen, geschützten Felsspalten der Südalpen hat sie bis heute überlebt.

- gefingerte Blätter
- hellrosa bis dunkelrote Blüten
- wächst auch in den Dolomiten

Dolomiten-Fingerkraut
Potentilla nitida

Merkmale Höhe 2–5 cm; Blüten blassrosa bis karminrot, Durchmesser 2–2,5 cm, zu ein bis zwei pro Stängel; auf Höhe der drei- bis fünfzählig gefingerten Blätter; Blütezeit Juni–August. **Vorkommen** Vor allem südliche Ostalpen, kleine Areale in den südlichen Westalpen, bis 3200 m; Felsen, Geröll. **Wissenswertes** Das Dolomiten-Fingerkraut wächst mit seinen lockeren Polstern nur auf Kalk- und Dolomitgestein. Die Eiszeit überdauerte es an den jetzigen oder nahe gelegenen Standorten. Wegen der dicht und kurz silbergrau behaarten Blätter heißt es auch »Glänzendes Fingerkraut«.

- Blattunterseite wie mit Mehl bepudert
- herzförmige Blütenblätter

Mehl-Primel
Primula farinosa

Merkmale Höhe 5–20 cm; Blüten hellrosa bis lila, in der Mitte gelb, Durchmesser 0,8–1,2 cm, Blütenblätter auf ein Viertel ihrer Länge eingekerbt, Durchmesser des kugeligen Blütenstands 3–7 cm; Blütezeit April–Juli. **Vorkommen** Gesamte Alpen, bis 2900 m; steinige alpine Rasen, Felsspalten. **Wissenswertes** Ihren Namen hat diese Primel von den Blättern, die wie mehlig bepudert aussehen. Die ringförmige, gelbe Blütenmitte weist Schmetterlingen und Hummeln den Weg zum Nektar in der Blütenröhre. Ähnlich ist Hallers Primel *(P. halleri)*, diese hat aber längere Blüten.

Behaarte Schlüsselblume

Primula hirsuta

- feine, klebrige Drüsenhaare
- typisch: frühe Blütezeit
- ein Ahn der Gartenprimeln

Merkmale Höhe 3–10 cm; Blüten rot bis rotblau, weiße Mitte, lang gestielt, Durchmesser 1,5–2,5 cm, Blütenblätter bis zu einem Drittel eingekerbt, ein bis fünf Blüten; Blätter mit feinen, klebrigen Drüsenhaaren, 2–6 cm lang, derb, meist eingekerbt; Blütezeit April–Juli. **Vorkommen** Westalpen, Ostalpen bis Tirol, bis 3600 m; steiniger Boden. **Wissenswertes** Als Anpassung an die bestäubenden Schmetterlinge sind Primeln der Hochlagen meist rot bis blau gefärbt. Primeln in tieferen Lagen, die mehr von Bienen bestäubt werden, blühen dagegen gelb.

Ganzblättrige Primel

Primula integrifolia

- blüht spät, obwohl »Primula« »die Erste« bedeutet
- weißliche Blütenmitte

Merkmale Höhe 1–5 cm; Blüten matt purpurfarben bis helllila, zum Zentrum hin meist heller, Durchmesser 1,5–2 cm, kurz gestielt, meist zu eins bis sechs; Blätter 1,5–2 cm lang, unmerklich klebrig, etwas glänzend, ohne Einkerbungen; Blütezeit Juni–August. **Vorkommen** Vom Berner Oberland bis zum Arlberg und zum Fluss Adda, bis 3050 m; feuchte Böden. **Wissenswertes** Die Blütenmitte ist weißlich, weil sie dicht mit Drüsenhaaren besetzt ist. Die Pflanze wächst oft in Mulden, die lange schneebedeckt sind. Das erklärt ihre für Primeln relativ späte Blütezeit.

Zwerg-Schlüsselblume

Primula minima

- sehr kleine Primel mit großen Blüten
- auch »Habmichlieb« genannt
- »Blütenherzen«

Merkmale Höhe 1–4 cm; Blüte leuchtend rot, in der Mitte weißlich, Durchmesser 1,5–2,5 cm, fünf tief herzförmig eingeschnittene Blütenblätter; Blätter 1,5 cm lang; Blütezeit Juni–Juli. **Vorkommen** Ostalpen, bis 3000 m; Felsspalten, Gesteinsschutt, feuchte Stellen. **Wissenswertes** Durch ihre geringe Größe widersteht die Zwerg-Schlüsselblume starkem Wind sehr gut. Ihre relativ großen Blüten sitzen meist einzeln auf kurzen Stielchen. Ihr Wurzelsystem ist fünfmal länger als das vergleichbarer Talpflanzen. Deshalb kann man die Pflanze auch in alpinen Rasen auf sturmumtosten Graten finden.

> Blattunterseite rostbraun
> keine Rose, sondern Rhododendron

Rostblättrige Alpenrose

Rhododendron ferrugineum

Merkmale Höhe 30–120 cm; Blüten dunkelrosa, kelch- bis trichterförmig, mit fünf Zipfeln, 1–1,8 cm lang, zu sechs bis zwölf; Blütezeit Mai–August. **Vorkommen** Vor allem Zentralalpen, bis 2800 m; Zwergstrauchheiden. **Wissenswertes** Wie die nah verwandte Bewimperte Alpenrose (siehe unten) ist dieser niedrige Strauch keine Rose, sondern ein Rhododendron, der im Winter eine vor Frost schützende Schneedecke braucht. Seine Blattunterseiten sind wie Rost gefärbt (Name!), die Oberseite ist stets dunkelgrün und am Rand nicht behaart, junge Blätter sind gelblich gefärbt. Giftig.

> Blattrand mit Härchen
> an Kalk angepasst
> in Tirol »Almrausch« genannt

Bewimperte Alpenrose

Rhododendron hirsutum

Merkmale Höhe 20–100 cm; Blüten anfangs rosakarmin bis dunkelrot, später verblassen sie, kelch- bis trichterförmig, mit fünf Zipfeln, 1–1,5 cm lang, zu je drei bis zehn beisammen; Blütezeit Mai–Juli. **Vorkommen** Kalkalpen, bis 2500 m; Zwergstrauchheiden, lichte Wälder. **Wissenswertes** Dieser meist sehr niedrige Rhododendron ist wie die Rostblättrige Alpenrose immergrün, d. h. er trägt auch im Winter Blätter und liebt ebenfalls die Wärme. An kalkhaltigen Boden angepasst, vertritt er die Rostblättrige Alpenrose dort. Die Ränder seiner Blätter sind »bewimpert«, die Blätter beiderseits grün. Giftig.

> gehört zu den Rosen
> »Rose ohne Dornen« genannt
> anfangs tiefrote Blüten

Alpen-Rose

Rosa pendulina

Merkmale Höhe 100–250 cm; Blüten rosakarmin bis dunkelrot, Durchmesser 4–5 cm; Blütezeit Mai–August. **Vorkommen** Gesamte Alpen, vor allem Zentralalpen, bis 2500 m; lichte Bergwälder, Gebüsch. **Wissenswertes** Im Gegensatz zu den beiden oben beschriebenen Arten gehört diese Art wirklich zu den Rosen und ist somit die echte »Alpen-Rose«. Wie alle Rosen besitzen ihre Blüten reichlich Pollen: Pollensammelnde Käfer, Fliegen und Bienen laben sich an ihrem Blütenstaub. Die Blütenzweige und oberen Triebe des aufrechten Strauchs tragen meist keine Stacheln.

> flacher, polsterförmiger Wuchs
> beliebte Steingartenpflanze
> mehrere Gartensorten

Rotes Seifenkraut
Saponaria ocymoides

Merkmale Höhe 20–30 cm; Wuchs kriechend, lockere Polster; Blüten hell- bis purpurrot, Durchmesser 0,9–1,3 cm; Blütezeit Mai–September. **Vorkommen** Westalpen, Südliche Kalkalpen, bis 2200 m; steinige Böden, Gesteinsschutt. **Wissenswertes** Das Rote Seifenkraut ist eine beliebte Pflanze für Trockenmauern. Weil die Wurzeln der Seifenkräuter Saponin enthalten, schäumen ihre Wurzelabkochungen wie Seife, daher der Name. Das Gewöhnliche Seifenkraut *(Saponaria officinalis)* wurde zum Waschen von Wolle und auch sonst als Waschmittel verwendet.

> dichte Polster, sehr große Blüten
> Blütenblätter rosa, gewellt
> nur in den Ostalpen

Zwerg-Seifenkraut
Saponaria pumilio

Merkmale Höhe 3–5 cm; Wuchs äußerst niedrig, kriechend, in dichten Polstern; Blüten rosarot, in der Mitte oft dunkel purpurfarben, im Verhältnis sehr groß, Durchmesser 2–2,5 cm; Blätter bis zu 0,2 cm breit und 3 cm lang; Blütezeit Juli–September. **Vorkommen** Ostalpen: Zentralalpen, bis 2700 m; alpine Rasen, steinige Böden, Schutt, auf kalkarmen Böden. **Wissenswertes** Zwischen den oft welligen Blütenblättern sind auffallende Lücken. Tagfalter mit langem Rüssel bestäuben die Blüten, wenn sie an dem tief unten in der Blüte verborgenen Nektar saugen.

> meist zwei Blüten pro Trieb
> Lücken zwischen Blütenblättern
> bis in 4450 m Höhe

Zweiblütiger Steinbrech
Saxifraga biflora

Merkmale Höhe 1–5 cm; Blüten hell purpurrot bis schmutzig violett, Durchmesser 0,8–1,2 cm, zu zwei bis neun an den Triebenden; Blätter gekreuzt gegenständig, 0,5–0,9 cm lang; Blütezeit Juli–August. **Vorkommen** Fast gesamte Alpen, bis 4450 m; feuchte Steinschuttböden. **Wissenswertes** Diese Art hält den Höhenrekord: Sie ist die Blütenpflanze in den Alpen, die am höchsten steigt. Auf dem Dom, einem Berg im schweizerischen Wallis, kann man sie in 4450 m Höhe antreffen. Tagfalter und Fliegen bestäuben sie. Bleiben die Insekten aus, kann sich die Pflanze aber auch selbst bestäuben.

> flacher, polsterartiger Wuchs
> Blätter gegenständig
> erträgt Frost bis −40 °C

Gegenblättriger Steinbrech
Saxifraga oppositifolia

Merkmale Höhe 1–6 cm; Blüten hellrosa, weinrot, im Verblühen oft blaurot-blauviolett, Durchmesser: 1–1,5 cm; Blätter gegenständig, 0,3–0,5 cm lang; Blütezeit März–August. **Vorkommen** Gesamte Alpen, bis 3800 m; Fels, Grate, Schutt, steinige alpine Rasen. **Wissenswertes** Dieser Steinbrech wird auch »Roter Steinbrech« genannt. An den Blattspitzen befinden sich weißliche Stellen, weil er Kalk ausscheidet. Er ist extrem widerstandsfähig gegen Frost. Die Blätter halten Temperaturen bis zu −40 °C aus, die Blüten bis −15 °C. Daher ist die Pflanze auch in großer Höhe anzutreffen.

> dichte Flachpolster, bis zu 2 m breit und 100 Jahre alt
> mit Blüten übersät

Stängelloses Leimkraut
Silene acaulis

Merkmale Höhe 1–3 cm; Blüten blassrosa-purpurrot, Durchmesser 0,6–2 cm; Blätter klein; Blütezeit Juni–September. **Vorkommen** Gesamte Alpen, bis 3700 m; alpine Rasen, Grate, Gesteinsschutt. **Wissenswertes** Die Blüten sitzen jeweils auf sehr kurzen Stielchen, sind aber im Verhältnis zu den einzelnen Sprossen recht groß und duften. Dadurch fallen sie bestäubenden Insekten auf, die an den hohen und kühlen Standorten rar sind. Im Inneren der Polster sind die Blätter abgestorben, so entsteht von Feinwurzeln durchzogener Eigenhumus. Andere Wurzeln reichen bis zu 130 cm tief.

> halbkugelig angeordnete weißrosa Blüten
> wandert mit Kriechtrieben durch Schutt

Zwerg-Baldrian
Valeriana supina

Merkmale Höhe 2–6 cm; Blüten weißrosa, je 0,2–0,5 cm lang, zu acht bis 30 in halbkugeligem Blütenstand; Stängel verzweigt; Blütezeit Juli–August. **Vorkommen** Ostalpen bis Graubünden, bis 2700 m; Felsspalten, Schutt, alpine Rasen, auf Kalk. **Wissenswertes** In den Nord- und Südalpen kommt der verwandte Berg-Baldrian *(V. montana)* vor. Er wird bis zu 60 cm hoch und sein Stängel trägt zwei bis acht Blattpaare. Ein weiterer Verwandter ist der Keltische Baldrian *(V. celtica)*, der wegen seines aromatisch duftenden Wurzelstocks auch »Echter Speik« genannt wird.

28–29

> halbkugelförmige Blütenstände
> sehr große Blätter, dienten früher als »Toilettenpapier«

Grauer Alpendost
Adenostyles alliariae

Merkmale Höhe 60–150 cm; Blüten hellpurpur, röhrenförmig mit vier Zipfeln, ca. 1 cm lang, in halbkugelförmigem Blütenstand; Blütezeit Juli–August. **Vorkommen** Gesamte Alpen, bis 2700 m; nährstoffreiche, feuchte Böden, Gesteinsschutthalden. **Wissenswertes** Die bis zu 50 cm großen Blätter ähneln einem großen Herz und sind unterseits etwas weißgraufilzig (Name!). Sehr ähnliche Arten sind der Filzige Alpendost *(Adenostyles leucophylla)* mit unterseits stark weißfilzigen Blättern und der Kahle Alpendost *(Adenostyles glabra)*, dessen Blätter unterseits kahl sind.

> schöne große Asternblüte
> rosa bis blauviolett, innen gelb
> »Aster« bedeutet »Stern«

Alpen-Aster
Aster alpinus

Merkmale Höhe 5–15 cm; Scheinblüte außen meist rotviolett bis blauviolett, mitunter rosa, blau oder weiß, innen goldgelb, Durchmesser 3–5 cm; Blätter länglich, schmal; Blütezeit Juni–August. **Vorkommen** Gesamte Alpen, bis 3100 m; alpine Rasen, nährstoffarme Viehweiden, Felsbänder. **Wissenswertes** Die Alpen-Aster gleicht einem übergroßen Gänseblümchen mit bunter Blüte. Sie ist mitunter zusammen mit dem Alpen-Edelweiß (siehe S. 62) anzutreffen. Die prächtige Blüte ist für Schmetterlinge durch ihren Farbkontrast und ihre Größe sehr attraktiv.

> purpurroter Blütenstand
> Stängel zumindest oben blattlos
> distelartig

Alpen-Distel
Carduus defloratus

Merkmale Höhe 20–80 cm; purpurroter Blütenstand einzeln am Stängelende, Durchmesser 2,5–3 cm; Stängel zumindest im oberen Teil blattlos; Blätter stachelig; Blütezeit Mai–Juli. **Vorkommen** Fast gesamte Alpen, bis 3000 m; Hänge, Geröllhalden, Viehweiden. **Wissenswertes** Der Blütenstand enthält bis zu 200 purpurrote, schmal-röhrenförmige Blüten. Zur Blütezeit ist er meist geneigt, davor und danach steht er eher aufrecht. Bestäubende Insekten sind Schmetterlinge, Hummeln, aber auch Fliegen und Käfer. Die lang behaarten Früchte verbreitet der Wind.

- große Scheinblüte
- unverzweigter Stängel
- kurz und rau behaart

Federige Flockenblume
Centaurea uniflora

Merkmale Höhe 10–40 cm; Scheinblüte purpurrot, Durchmesser 4–6 cm; Blütezeit Juli–August. **Vorkommen** Südalpen, Nordalpen selten, bis 2600 m; Wiesen, Viehweiden. **Wissenswertes** Unter der roten, strahlenförmigen Scheinblüte befindet sich ein kugelförmiges braunes Gebilde mit bis zu 2 cm langen, gelblich braunen, an ihrer Spitze federartig gefransten Anhängseln. Daher kommt der Name »Federige« Flockenblume. Die meist über 40 cm hohe Alpen-Flockenblume (*C. scabiosa* subsp. *alpestris*) hat dort nur gefranste, schwarzbraune Anhängsel.

- gänseblümchenartige Blüte
- schmal-ovale Blätter
- »berufen« = »verhexen«

Einköpfiges Berufkraut
Erigeron uniflorus

Merkmale Höhe 4–12 cm; Scheinblüte hellrosa bis hellviolett, selten weiß, innen gelb, Durchmesser: 1–2,5 cm, darunter weißwollig behaart; Blätter meist unten am Stängel, dicklich; Blütezeit Juli–September. **Vorkommen** Vor allem Zentralalpen, bis 3500 m; steinige alpine Rasen. **Wissenswertes** Der Name »Berufkraut« kommt nicht von dem Begriff »Beruf«, sondern von »berufen«, was so viel heißt wie »verhexen«. Davor sollte die Blume schützen. »Einköpfig« bedeutet: eine Scheinblüte pro Stängel. Diese hat außen rund 100 Zungenblüten und innen ca. 60 gelbe Röhrenblüten.

- mehrere Scheinblüten pro Stängel
- ziemlich behaart
- nährstoffarme Standorte

Orangerotes Habichtskraut
Hieracium aurantiacum

Merkmale Höhe 20–60 cm; Scheinblüten gelborange-dunkelorangerot, Durchmesser 1,5–2,5 cm, zwei bis zwölf pro Stängel; Stängel fast blattlos; Blütezeit Juni–August. **Vorkommen** Gesamte Alpen, bis 2600 m; nährstoffarme Wiesen. **Wissenswertes** Wegen der Blütenfarbe wird diese Pflanze auch als Zierpflanze verwendet und verwildert oft aus Gärten. Sie wird häufig mit dem ebenfalls orangefarben blühenden Gold-Pippau (*Crepis aurea*, siehe S. 100) verwechselt. Beide lassen sich jedoch einfach unterscheiden: Der Gold-Pippau trägt nur eine einzige Scheinblüte auf dem Stängel.

- turbanähnliche Blüten
- sechs zurückgerollte Blütenblätter
- oft zerfressen

Türkenbund-Lilie
Lilium martagon

Merkmale Höhe 40–100 cm; Blüten trübrosa bis dunkelpurpur, mit dunklen Flecken, nickend, bis zu 8 cm breit, zu einer bis zehn pro Stängel; Blätter in Quirlen bis wechselständig, bis zu 15 cm lang; Blütezeit Juni–Juli. **Vorkommen** Gesamte Alpen, bis 2000 m; lichte Wälder, Bergwiesen. **Wissenswertes** Die Blüten duften abends und locken Nachtfalter mit langem Saugrüssel an, die im Schwirrflug Nektar saugen. Andere Insekten finden auf den glatten, stark zurückgekrümmten Blütenblättern kaum Halt. Oft ist die Pflanze von Rehen und Käfern stark zerfressen.

- kriechender Zwergstrauch
- Blätter mit Netzmuster
- Jahresringe wachsen 0,1 mm

Netz-Weide
Salix reticulata

Merkmale Höhe 10–80 cm; Blüten in Kätzchen, männliche Kätzchen 0,5–1,5 cm lang, weibliche 1,5–2,5 cm; Blätter mit Netzmuster, oval bis rund; Blütezeit Juni–August. **Vorkommen** Gesamte Alpen, bis 2700 m; Felsschutt, lückige alpine Rasen. **Wissenswertes** Es gibt mehrere ähnliche Weiden-Arten in den Hochlagen der Alpen, deren Zweige auf dem Boden ausgebreitet sind und Wurzeln treiben. Eine davon, die Kraut-Weide *(Salix herbacea)*, wird nur 2–5 cm hoch und gilt mit ihren meist unterirdisch kriechenden, verholzten Ästen als »kleinster Baum der Welt«.

- spinnwebenartig weiß behaart
- rosa bis karminrote Blüten
- Polster aus kugeligen Rosetten

Spinnweben-Hauswurz
Sempervivum arachnoideum

Merkmale Höhe 4–18 cm; Blüten blassrosa-karminrot, Durchmesser 1–2,3 cm, Blütenblätter mit dunklerem Mittelstreifen; Blütezeit Juni–Juli. **Vorkommen** Fast gesamte Alpen, bis 2900 m; Felsen, trockene, steinige Orte. **Wissenswertes** Die 0,5–3,5 cm großen, oft kugeligen Rosetten bestehen aus kleinen, Wasser speichernden Blättern. Den Blattspitzen der Rosetten entspringen weiße Haare, die meist miteinander verwoben sind und das charakteristische, »übersponnene« Erscheinungsbild schaffen. Der Anteil weißfilziger Haare kann sehr groß bis spärlich sein.

> große, rotviolette Blüten
> spitz zulaufende Blütenblätter
> sehr fein behaarte Rosetten

Berg-Hauswurz

Sempervivum montanum

Merkmale Höhe 2–40 cm; Blüten weinrotviolett, Durchmesser 3–5 cm; Blütezeit Juni–August. **Vorkommen** Vor allem Zentralalpen, bis 3400 m; steinige alpine Rasen, Felsblöcke. **Wissenswertes** Die Wasser speichernden, nicht sehr harten Blätter der 1–8 cm großen Rosetten sind sehr fein flaumig behaart und haben oft rotbraune Spitzen. Die Berg-Hauswurz ist in drei Unterarten verbreitet: Die zierlichere Unterart wächst von den Westalpen bis zum Großglockner, eine stattlichere ab da in östlicher Richtung und eine recht große in den Südwestalpen.

> sehr variabel
> seit Langem auch angepflanzt
> *Sempervivum* = »das Immerlebende«

Dach-Hauswurz

Sempervivum tectorum

Merkmale Höhe 20–60 cm; Blüten meist trüb weißlich-hellrot, Durchmesser 2–3 cm; Blütezeit Juni–August. **Vorkommen** Gesamte Alpen, bis 2800 m; steinige alpine Rasen, Mauern, Dächer. **Wissenswertes** Wie alle Hauswurz-Arten kann die Dach-Hauswurz Trockenheit äußerst lange ertragen, weil sie in ihren dicken, hartspitzigen Blättern viel Wasser speichert. An den Blatträndern der 2–20 cm großen Rosetten sind kurze, steife, weiße Haare zu sehen. Sie ist eine alte Heil-, Zauber- und Zierpflanze und daher auch im außeralpinen Raum weit verbreitet.

> nickende, zerschlitzte Blüten
> »Alpenglöckchen« genannt
> Blütenwunder im Schnee

Gewöhnliche Alpen-Troddelblume

Soldanella alpina subsp. *alpina*

Merkmale Höhe 5–15 cm; Blüten nickend, zerschlitzt, rotviolett-bläulich, 0,8–1,3 cm lang, meist zu zwei bis drei; Stängel blattlos; Blütezeit April–Juli. **Vorkommen** Gesamte Alpen, bis 3000 m; Böden mit langer Schneebedeckung. **Wissenswertes** Der Name »Troddelblume« leitet sich von den trichterförmigen Blüten ab, die bis über die Mitte fransig-fadenförmig zerschlitzt sind. Eine Troddel ist eine Zierquaste, die aus einem Bündel von Fäden besteht. Die dunklen Knospen und Stängel schmelzen sich mithilfe absorbierter Sonnenwärme durch den tauenden Schnee.

- rotviolette Blüten
- Blätter riechen nach Minze
- unten holzige Stängel

Alpen-Steinquendel
Acinos alpinus

Merkmale Höhe 5–20 cm; Blüten intensiv rot- bis blauviolett, 1,2–2 cm lang; Stängel mit vielen ovalen, gegenständigen Blättern, am Grund verholzt, bogig aufsteigend; Blütezeit Juni–September. **Vorkommen** Vor allem Süd- und Nordalpen, bis 2500 m; Felsen, steinige Hänge. **Wissenswertes** Der Alpen-Steinquendel wird manchmal noch zum Würzen von Käse benutzt. Beim Zerreiben entfalten die Blätter einen Duft ähnlich der Minze. Die Blüten werden in erster Linie von Hummeln, aber auch von Tagfaltern und – seltener – von Fliegen bestäubt.

- zur Wundheilung genutzt
- nur Insekten mit langem Rüssel erreichen den Nektar

Berg-Wundklee
Anthyllis montana subsp. *montana*

Merkmale Höhe 5–20 cm; Blüten hellrot bis purpur, 1,4–1,6 cm lang, in kugelförmigem Blütenstand; Blätter gefiedert, Teilblätter bis 1 cm lang; Blütezeit Mai–Juli. **Vorkommen** Gesamte Alpen, bis 2700 m; steinige Rasen, Kalkschutthalden, Geröll. **Wissenswertes** Der Name »Wundklee« weist darauf hin, dass die Blüten dieser meist gelb blühenden Pflanzengattung, vor allem aber die des Gewöhnlichen Wundklees *(Anthyllis vulneraria)*, früher zur Heilung von Wunden und als Hustenmittel verwendet wurden. Nur Falter und Hummeln mit langen Saugrüsseln kommen an den Nektar.

- ist eine Orchidee
- »Fingerwurz« kommt von der Form der oft gefingerten unterirdischen Knolle

Gefleckte Fingerwurz
Dactylorhiza maculata

Merkmale Höhe 15–60 cm; Blüten blasslila-hellrosa, im unteren Blütenteil dunkelrote Muster, 1–1,5 cm lang, zu 20 bis 40 im Blütenstand; Blätter dunkel gefleckt; Blütezeit Mai–Juli. **Vorkommen** Gesamte Alpen, bis 2000 m; ungedüngte Wiesen, Sümpfe; feuchter, lehmiger Boden. **Wissenswertes** Orchideen brauchen zu ihrer Entwicklung zumindest anfangs eine Lebensgemeinschaft mit einem speziellen Pilz. Düngung tötet ihn und damit bald auch den Bestand dieser Fingerwurz, die oft auch noch »Geflecktes Knabenkraut« genannt wird. Es gibt mehrere ähnliche Arten.

> duftet schwach nach Holunder
> braucht ungedüngte Wiesen
> täuscht unerfahrene Hummeln

Holunder-Fingerwurz
Dactylorhiza sambucina

Merkmale Höhe 10–30 cm; Blütenstand 5–10 cm hoch, gedrungener als bei der Gefleckten Fingerwurz (siehe S. 38), Einzelblüten purpurrot oder hellgelb, 1,2–1,8 cm lang; Blütezeit April–Juni. **Vorkommen** Fast gesamte Alpen, bis 2000 m; Wiesen, trockener, lehmiger Boden. **Wissenswertes** In den deutschen Alpen steigt die Holunder-Fingerwurz, oft auch Holunder-Knabenkraut genannt, bis in 1200 m Höhe. Ihre Blüten liefern keinen Nektar. Enttäuschte Hummeln suchen die andersfarbenen Blüten auf, werden wiederum enttäuscht, haben die Blüten dann aber bereits bestäubt.

> purpurrote, hängende Blüten
> süß duftend, daher »Süßklee«
> bei Weidevieh und Wild beliebt

Alpen-Süßklee
Hedysarum hedysaroides

Merkmale Höhe 10–30 cm; Blütenstand 5–10 cm hoch, Blüten purpurfarben, 1,5–2,2 cm lang, hängend, zu zehn bis 35 im Blütenstand; Blätter gefiedert; Blütezeit Juni–August. **Vorkommen** Gesamte Alpen außer südliche Westalpen, bis 2600 m; Wiesen, Viehweiden, magere alpine Rasen. **Wissenswertes** Der Alpen-Süßklee ist eine wertvolle Futterpflanze. Er enthält viel Eiweiß und Fett. Mithilfe von Bakterien kann er in Wurzelknöllchen Stickstoff binden und zum Wachstum verwenden. Nur Hummeln sind schwer genug, die Blüten durch ihr Gewicht zu öffnen.

> kleine Orchidee mit Vanilleduft
> wird auch »Schwarzes Männertreu« genannt

Gewöhnliches Kohlröschen
Nigritella rhellicani

Merkmale Höhe 5–25 cm; Blüten schwarzpurpur bis dunkel rotbraun, selten ziegelrot bis hellgelb, 0,4–2,2 cm lang, zu 20–50 im kegelförmigen Blütenstand; Blätter grasartig; Blütezeit Juni–September. **Vorkommen** Gesamte Alpen, bis 2400 m; alpine Rasen, ungedüngte Wiesen. **Wissenswertes** Meist wirkt diese häufigste Kohlröschen-Art der Alpen aus der Ferne schwarz bis schwarzrot, wie »verkohlt«. Botaniker unterscheiden sie heute vom »richtigen« Schwarzen Kohlröschen, das in Skandinavien vorkommt. Es gibt faszinierende Farbvarianten und mehrere ähnliche Arten.

- duftet gut
- heißt auch »Rotes Männertreu«
- untere Blüten oft ausgebleicht

Rotes Kohlröschen

Nigritella rubra

Merkmale Höhe 5–25 cm; Blütenstand sehr dicht, länger als bei der vorigen Art, Blüten intensiv rubinrot bis hellrot, 0,5–0,9 cm lang; Blütezeit Juni–August. **Vorkommen** Ostalpen, bis 2680 m; alpine Rasen, nur in Kalkgebieten. **Wissenswertes** Das Rote Kohlröschen blüht zwei Wochen vor dem Gewöhnlichen Kohlröschen. Auffällig wird das, wenn beide am selben Standort stehen. Ebenfalls rot blüht das Dolomiten-Kohlröschen *(N. dolomitensis)*, dessen Blütenstand kürzer ist, sowie eine nur in der Brenta vorkommende Art, deren rote Blüten etwas blaustichig sind.

- Läusekräuter halfen wohl gegen Läuse
- in den Alpen gibt es über 20 Arten

Gestutztes Läusekraut

Pedicularis recutita

Merkmale Höhe 20–50 cm; Blüten dunkelbraunrot-blutrot, 1,2–1,5 cm lang, zu 30–70 in dick walzenförmigem Blütenstand; Blätter wechselständig, oben oft braunviolett; Blütezeit Juni–August. **Vorkommen** Vor allem Ostalpen, Westalpen bis Savoyen, bis 2500 m; feuchte Wiesen. **Wissenswertes** Zum Namen »Läusekraut« gibt es mehrere Herleitungen. Am nachvollziehbarsten scheint jene, die besagt, dass in früheren Jahrhunderten mit Abkochungen einiger Läusekraut-Arten Läuse und anderes Ungeziefer bei Vieh und Mensch bekämpft wurden.

- ährenförmiger Blütenstand
- auch Fleischrotes Läusekraut genannt
- farnartige Blätter

Ähren-Läusekraut

Pedicularis rostratospicata

Merkmale Höhe 15–40 cm; Blüten rosa-fleischfarben bis purpurrot, 1,1–1,6 cm lang, zu 30–70 in hohem Blütenstand; Blätter wechselständig; Blütezeit Juli–August. **Vorkommen** Ostalpen, bis 2700 m; nährstoffarme Wiesen. **Wissenswertes** Läusekräuter sind Halbschmarotzer, die Wurzeln anderer Pflanzen anzapfen und ihnen Wasser und Mineralstoffe entziehen. Manche Arten können deshalb wie das Ähren-Läusekraut auch auf trockenen und kargen Standorten wachsen, obwohl sie relativ viel Wasser benötigen. Alle Arten haben farnartig fein zerteilte Blätter.

> in Quirlen angeordnete Blätter
> brennend scharf, deshalb vom Weidevieh verschmäht

Quirlblättriges Läusekraut
Pedicularis verticillata

Merkmale Höhe 5–20 cm; Blüten rosarot bis purpur, 1,2–1,8 cm lang, in dichtem Blütenstand, wirken nicht verdreht; Blätter zu drei bis vier quirlständig; Blütezeit Juli–August. **Vorkommen** Vor allem Kalkalpen, bis 2800 m; Wiesen, Viehweiden; immer wieder feucht werdender Boden. **Wissenswertes** Mit den für Halbschmarotzer typischen Saugorganen dringt dieses Läusekraut vor allem in die Wurzeln des Kalk-Blaugrases *(Sesleria albicans)* ein und zapft dort Wasser- und Nährstoffleitungen an. Diese Grasart ist extrem tief verwurzelt und erreicht daher wasserhaltige Schichten.

> kugeliger Blütenstand
> leichter Baldrianduft
> täuscht Blütenbesucher

Europäische Kugelorchis
Traunsteinera globosa

Merkmale Höhe 20–60 cm; Blütenstand kugelig-kegelförmig, Durchmesser 2–3 cm, Einzelblüten rosa, 0,5–0,9 cm lang; Blätter bläulich grün; Blütezeit Juni–August. **Vorkommen** Vor allem Nord- und Südalpen, bis 2700 m; feuchte Bergwiesen. **Wissenswertes** Die Blüten dieser Orchidee enthalten keinen Nektar. Die Bestäuber werden also getäuscht: Sie halten den Blütenstand für den einer Skabiose oder ähnlichen Nektar liefernden Art. Der Name *Traunsteinera* kommt nicht von der Stadt Traunstein, sondern ehrt einen gleichnamigen Apotheker aus Kitzbühel.

> bei Sonne duften die Blüten gut
> wird von Hummeln bestäubt
> »Westalpen-Klee« genannt

Alpen-Klee
Trifolium alpinum

Merkmale Höhe 5–20 cm; Blütenstand halbkugelig, Durchmesser 4 cm, Blüten hellrosa bis purpurfarben, 1,8–2,2 cm lang, duftend, zu drei bis 15 pro Blütenstand; Blätter alle unten angeordnet, schmal, bis 10 cm lang, kleeartig dreigeteilt; Blütezeit Juli–August. **Vorkommen** Westalpen, Ostalpen bis Osttirol, bis 2700 m; alpine Rasen, Viehweiden; kalkarmer Boden. **Wissenswertes** Der Alpen-Klee wird wegen seiner Verbreitung auch Westalpen-Klee genannt. Er ist aromatisch, nährstoffreich und wird gern von Gämsen und Murmeltieren, aber auch vom Vieh verzehrt.

> beliebte Zierpflanze
> kann auch im Winter blühen
> liebt kühle Standorte

Alpen-Gänsekresse
Arabis alpina

Merkmale Höhe 5–30 cm; Blüten weiß, Durchmesser 0,8–1,1 cm, jeweils zu mehreren, Blütenblätter rundlich; Blätter unten als Rosette, am Stängel wechselständig, umfassen den Stängel an ihrer Basis; Blütezeit März–Oktober. **Vorkommen** Gesamte Alpen, bis 3200 m; Geröll, Felsen, auf Kalk. **Wissenswertes** Die Alpen-Gänsekresse wächst in Schluchten, auf Felsschutt und in Felsspalten, am liebsten dort, wo es feuchtkühl ist. Vom Stängel stehen schräg nach oben – mitunter auch waagrecht – gestielte Schoten ab, die 2–6 cm lang und 0,2 cm dick sind.

> große weiße Blüten, innen gelb
> anfangs nickend, später aufrecht
> stabilisiert Schutthalden

Weißer Alpen-Mohn
Papaver alpinum subsp. *sendtneri*

Merkmale Höhe 5–15 cm; Blüten weiß, Durchmesser 4–5 cm; Blütezeit Juni–August. **Vorkommen** Nördliche Kalkalpen, bis 2600 m; labile Kalkschutthalden. **Wissenswertes** Die weiß blühenden Spielarten des Alpen-Mohns bewohnen die Nördlichen Kalkalpen, die gelb blühenden die Südlichen Kalkalpen. So zierlich der Alpen-Mohn mit seinen zarten Blüten aussieht, so fest verankert ihn seine lange Wurzel im Schutthang. Verzweigte Seitenwurzeln durchziehen lehmige Stellen und Feinerde, die es hie und da in Gesteinsschutt gibt.

> schmeckt scharf wie Kresse
> ein Leckerbissen für Gämsen
> wird von Fliegen bestäubt

Alpen-Gämskresse
Pritzelago alpina

Merkmale Höhe 1–10 cm; Blüten weiß, Durchmesser 0,3–0,8 cm, zu mehreren in kugelförmigem Blütenstand; Stängel meist blattlos; Blätter unten, rosettenartig; Blütezeit Mai–September. **Vorkommen** Gesamte Alpen, bis 3000 m; feuchter Felsschutt, Moränen. **Wissenswertes** Der Name kommt daher, dass die Alpen-Gämskresse wegen der in ihr enthaltenen Senföle kresseartig schmeckt und deshalb gern von Gämsen verzehrt wird. Es gibt eine Unterart mit kurzen Stängeln, die an kalkfreies Gestein angepasst ist, und eine mit längeren Stängeln, die auf Kalk zu finden ist.

> nur in den Ostalpen
> vor allem in den Dolomiten
> die Polster sind nicht sehr dicht

Dolomiten-Mannsschild
Androsace hausmannii

Merkmale Höhe 1–4 cm; Blüten weiß, außen oft rötlich, im Zentrum gelb, Durchmesser 0,3–0,5 cm, überragen die Blätter kaum; Polster flach und klein; Blätter 0,5–1 cm lang und bis zu 0,2 cm breit; Blütezeit Juli–August. **Vorkommen** Kalkalpen, bis Bergamo, bis 3100 m; Kalkfels, Gesteinsschutt. **Wissenswertes** Der Name Dolomiten-Mannsschild besagt, dass die Pflanze vor allem in den Dolomiten und den Südlichen Kalkalpen vorkommt. Die isolierten, teils sehr voneinander entfernten Standorte zeigen, dass die Art vor der Eiszeit in einem geschlosseneren Verbreitungsgebiet vorkam.

> harte, stark gewölbte Polster
> erzeugt eigenen Humus

Schweizer Mannsschild
Androsace helvetica

Merkmale Höhe 1–5 cm; Blüten weiß, innen gelb, Durchmesser 0,4–0,6 cm, einzeln auf 0,1 cm kurzen Stielchen; Blütezeit Mai–Juli. **Vorkommen** Fast gesamte Alpen, bis 3500 m; Kalkfelsen. **Wissenswertes** Die halbkugeligen bis kugeligen Polster bestehen aus zahlreichen Sprossen mit dicht an dicht stehenden, lebenden und abgestorbenen Blättern. Wie ein schützender Schild beschirmen sie vor Sturm, Frost und Trockenheit. Im Inneren der Polster hingegen ist es feuchter und die Wurzeln beziehen ihre Nährstoffe aus Humus, der aus den verrottenden Blättern entsteht.

> dichte, harte, halbkugelige Polster
> auf Silikatfelsen und saurem Vulkangestein

Vandellis Mannsschild
Androsace vandellii

Merkmale Höhe 1–5 cm; Blüten weiß, innen gelb, Durchmesser 0,4–0,6 cm, einzeln auf etwa 0,2–0,8 mm langen Stielchen; Blütezeit Dezember–Mai. **Vorkommen** Vor allem Westalpen, Zentralalpen bis Südtirol, bis 3100 m; Felsspalten. **Wissenswertes** Der Bau und die Strategie der dachziegelartig dicht beblätterten und silbriggrünen weißfilzigen Polster dieser Pflanze gleicht der des Schweizer Mannsschilds und des Dolomiten-Mannsschilds. Vandellis Mannsschild wächst jedoch auf kalkfreiem Boden und seine Blüten liegen nicht so extrem eng auf.

> Blüten gleichen denen der Weißen Narzisse
> auch »Berghähnlein« genannt

Narzissenblütiges Windröschen

Anemone narcissiflora

Merkmale Höhe 20–50 cm; Blüten weiß, Durchmesser 2–3 cm, zu drei bis sechs pro Stängel; nahe unter dem Blütenstand ein Quirl tief fingerförmig geschlitzter Blätter; Blütezeit Mai–Juli. **Vorkommen** Vor allem Kalkalpen; nicht in Süd- und Osttirol, bis 1800 m; kalkhaltige, feuchte Bergwiesen. **Wissenswertes** Die Pflanze erinnert an ein Busch-Windröschen, nur dass der Stängel wesentlich höher ist und die Blüten zu mehreren sind. Die Blüten ähneln denen der Weißen Narzisse *(Narcissus poeticus)*, daher der Name »Narzissenblütiges« Windröschen.

> sternfömige, große Scheinblüten
> handförmig eingeschnittene Blätter

Große Sterndolde

Astrantia major subsp. *major*

Merkmale Höhe 30–70 cm; Scheinblüten je 2–3,5 cm im Durchmesser, zu mehreren; Blätter handförmig; Blütezeit Juni–August. **Vorkommen** Südalpen, Nördliche Kalkalpen; bis 1800 m; Bergwiesen, lichte Wälder. **Wissenswertes** Jede der Scheinblüten ist von einem Kranz aus 1,5–2,5 cm langen, weißen oder zartrosafarbenen, sogenannten Hochblättern hinterlegt. Diese vermitteln den Eindruck von Blütenblättern. Ohne diese Vortäuschung einer einzelnen, großen Blüte könnten die kleinen Einzelblüten kaum bestäubende Käfer und Fliegen anlocken.

> weiße »Blütentrichter«
> schmal-herzförmige Blütenblätter

Alpen-Hornkraut

Cerastium alpinum

Merkmale Höhe 6–15 cm; Blüten-Durchmesser 1,7–1,8 cm; Stängel dicht behaart; Blätter oval, Blütezeit Juli–August. **Vorkommen** Ostalpen, Westalpen bis ins Wallis, dann wieder in französischen Alpen, bis 1800 m; steinige alpine Rasen, Gratrücken, kalkarme Böden. **Wissenswertes** Der Name Hornkraut kommt von der hornähnlich gekrümmten Samenkapsel. Hornkräuter überziehen oft wie ein »lockerer Rasen« den Boden. In diesen Beständen fallen ihre relativ großen, weißen Blütentrichter auf, die aus schmal-herzförmigen Blütenblättern bestehen.

50–51

> kissenartig kriechender Wuchs
> Halbstrauch
> beliebte Steingartenpflanze

Kriechendes Gipskraut
Gypsophila repens

Merkmale Höhe 5–25 cm; Blüten meist weiß, seltener zartrosa, hellpurpurfarben oder zartlila, Durchmesser 0,6–1 cm; Blätter schmal, bis 1 cm lang; Blütezeit Mai–September. **Vorkommen** Hauptsächlich Südalpen und Nordalpen, bis 2800 m; Felsen, Geröll, auf Kalkstein. **Wissenswertes** Bei dieser beliebten und auch als »Teppich-Schleierkraut« bekannten Zierpflanze ist der Stängel unten verholzt, während die neu ausgetriebenen Zweige nicht verholzt sind. Solch eine Pflanze ist ein Mittelding zwischen Strauch und krautiger Pflanze, ein sogenannter Halbstrauch.

> sehr frühe Blütezeit
> heißt auch »Weihnachtsrose« oder »Nieswurz«

Christrose
Helleborus niger

Merkmale Höhe 15–30 cm; Blüten-Durchmesser 5–8 cm; Blütezeit Dezember–Mai. **Vorkommen** Südalpen, Nördliche Kalkalpen, bis 1800 m; Wälder, Gebüsch. **Wissenswertes** Die »Schneerose« blüht in milden Wintern schon im November. Die beliebte Gartenpflanze wurde früher – obwohl giftig – auch im Niespulver verwendet. Die anfangs weißen Blüten gehen später ins Grüne, Bräunliche, Rötliche über und bei der abgebildeten Unterart *H. niger* subsp. *macranthus* der Südalpen oft bis ins Purpurviolette. Die Blüten verfärben sich, nachdem sie befruchtet worden ist. Giftig.

> glockenförmige, kleine Blüten
> dünner, fadenförmiger Stängel
> gern auf Moospolstern

Moosglöckchen
Linnaea borealis

Merkmale Höhe 5–100 cm; Blüten weißlich, mit zartrosa oder weinrotem Hauch, innen oft purpurfarben, nickend, Blütenlänge 0,7–1 cm, zu ein bis drei pro Stängel; Blätter gegenständig; Blütezeit Juni–August. **Vorkommen** Zentralalpen von den Ostalpen bis Savoyen in den Westalpen, bis 2000 m; Nadelwälder mit Moosuntergrund; nährstoffarmer, humusreicher Boden. **Wissenswertes** Das zierliche Moosglöckchen bildet auf Moospolstern oft ausgedehnte Bestände, es überkriecht das Moos dann meterweit. Die Blüten stehen meist zu zweit auf dem hohen Stängel.

> schneeweiße Blüte
> fettig glänzende Blätter
> liebt Feuchtigkeit und Kalk

Alpen-Hahnenfuß

Ranunculus alpestris

Merkmale Höhe 3–15 cm; Blüten-Durchmesser 2–2,5 cm; Blätter handartig drei- bis fünfgeteilt; Blütezeit Mai–August. **Vorkommen** Vor allem Kalkalpen, bis 2760 m; Felsen, Gesteinsschutt, alpine Rasen. **Wissenswertes** Der Alpen-Hahnenfuß liebt Feuchtigkeit und ist an die kurze Vegetationszeit seines Standorts angepasst: Die grünen Blätter entwickeln sich bereits unter dem Schnee, die vorgebildeten Blüten entfaltet er sofort, nachdem der Schnee weggetaut ist. Die Blüten sondern Nektar ab, der Fliegen anlockt. Manchmal hat er mehr als fünf Blütenblätter. Giftig.

> im Verblühen werden die Blüten bräunlich rosa bis tiefrot
> in großen Höhen und in der Arktis

Gletscher-Hahnenfuß

Ranunculus glacialis

Merkmale Höhe 5–20 cm; Blüten-Durchmesser 1,5–3 cm; Blätter handförmig, geschlitzt; Blütezeit Juli–August. **Vorkommen** Vor allem Zentralalpen und Westalpen, bis 4450 m; kalkarmer Gesteinsschutt. **Wissenswertes** In seinem eisigen Reich ist die sommerliche Vegetationszeit extrem kurz. Darauf spezialisiert, überlebt der Gletscher-Hahnenfuß auch dann, wenn er nur 30–70 Tage gedeihen kann. Zusammen mit dem Zweiblütigen Steinbrech (siehe S. 26) hält er am Dom, einem Berg in Wallis, in 4450 m Höhe den Höhenrekord der Alpen- Blütenpflanzen. Giftig.

> vor allem in den italienischen Südalpen
> Blätter graugrün, mit harter Spitze
> große Blüten

Bursers Steinbrech

Saxifraga burseriana

Merkmale Höhe 5–10 cm; Blüten-Durchmesser 1,4–2,2 cm, zu ein bis zwei pro Stängel; Blätter als Büschel unten, schmal, 0,5–1,4 cm lang; Blütezeit März–Juni. **Vorkommen** Vor allem Kalkalpen bis Nord- und Südtirol, bis 2500 m; Felsspalten, alpine Rasen, Kalkgesteinsschutt. **Wissenswertes** Dieser Steinbrech bildet kleine, dichtblättrige Rosetten, die hellgrau-grün erscheinen, denn die Rosettenblätter scheiden an ihren Rändern Kalk aus. Die vergleichsweise großen Blüten stehen auf oft rötlichen Stängeln über den harten, halbkugeligen Polstern.

> blaugrüne Blätter in kurzen Trieben
> Blätter 0,3–0,6 cm lang
> stabilisiert Kalkschutthalden

Blaugrüner Steinbrech
Saxifraga caesia

Merkmale Höhe 5–12 cm; Blüten-Durchmesser 0,8–1,1 cm, zu zwei bis sechs pro Stängel; Blütezeit Juni–September. **Vorkommen** Vor allem Süd- und Nordalpen, bis 3600 m; Kalkfelsen, Kalkschutt. **Wissenswertes** Dieser Steinbrech ist einer der ersten Besiedler von Kalkschutthalden, die er mit seinem Wurzelsystem stabilisiert. Über das flache Polster ragen zahlreiche hohe, zarte Stängel mit relativ kleinen Blüten. Kalkausscheidungen verleihen den Blättern einen hellgrauen Schimmer. Die Bestäubung übernehmen hauptsächlich Fliegen.

> Blattränder durch Kalk weiß
> auch »Trauben-Steinbrech« genannt

Rispen-Steinbrech
Saxifraga paniculata subsp. *paniculata*

Merkmale Höhe 5–40 cm; Blüten weiß bis cremeweiß, mitunter mit dunkelroten Punkten, Durchmesser 0,8–1,3 cm, zu 10–30 auf dem Stängel; Blütezeit Mai–August. **Vorkommen** Gesamte Alpen, bis 3000 m; Felsen, alpine Rasen. **Wissenswertes** An den Rändern der derben, dunkelgrün bis graugrünen Rosettenblätter befinden sich sogenannte Wasserspalten. Sie scheiden aktiv kalkreiches Wasser aus, um den Kalküberschuss im Inneren der Pflanze zu verringern. Nachdem es verdunstet ist, bleibt ein auffälliger, weißer Kalkbelag an den Blatträndern übrig.

> »fette«, keulenförmige, braunrote Blätter
> auch »Dunkler Mauerpfeffer« genannt

Gewöhnliche Schwärzliche Fetthenne
Sedum atratum

Merkmale Höhe 2–8 cm; Blüten weiß, gelbgrün – oft mit roten Streifen – oder rotbraun, Durchmesser 0,3–0,6 cm, zu drei bis vier pro Stängel, Blütenblätter spitz; Blütezeit Juni–August. **Vorkommen** Kalkalpen, bis 3000 m; Felsen, alpine Rasen, Kalkschutt. **Wissenswertes** Fetthennen bzw. Mauerpfeffer gehören zu den Wasser speichernden Dickblattgewächsen. Auf kalkfreiem Grund gedeiht die hellgelb blühende Alpen-Fetthenne *(S. alpestre)*. In tiefen Lagen wächst der weiß blühende Weiße Mauerpfeffer *(S. album)* und der gelb blühende Scharfe Mauerpfeffer *(S. acre)*. Giftig.

> Heilpflanze
> vor allem im Engadin genutzt
> auch »Wildfräuleinkraut« oder »Iva« genannt

Moschus-Schafgarbe
Achillea erba-rotta subsp. *moschata*

Merkmale Höhe 10–20 cm; Durchmesser der einzelnen Scheinblüten 0,8–1,4 cm; Blütezeit Juli–November. **Vorkommen** Zentralalpen: Mont Blanc bis Niedere Tauern, bis 3400 m; Gesteinsschutt, steinige alpine Rasen. **Wissenswertes** Die Moschus-Schafgarbe wird in der Volksmedizin verwendet, denn sie enthält heilsame Bitterstoffe, z. B. das Ivain, und ein intensiv aromatisch duftendes Öl, das Iva-Öl. Aus der Pflanze stellt man den »Ivabitter« her: Die Blüten werden drei bis vier Wochen in Grappa eingelegt, der dann mit etwas Zucker und Anis verfeinert wird.

> fein weißwollig behaart
> farnartige Blätter, kurzer Stängel
> riecht aromatisch bis »bockartig«

Zwerg-Schafgarbe
Achillea nana

Merkmale Höhe 5–10 cm; Scheinblüten weiß, innen »gelb«, zu fünf bis 20 oben am kurzen Stängel, Durchmesser 0,6–1 cm; Blätter farnartig; Blütezeit Juli–September. **Vorkommen** Vor allem Westalpen von den Meeralpen bis zu den Ortleralpen, bis 3300 m; Gesteinsschutt, Moränen, auf kalkarmem Gestein. **Wissenswertes** Die Scheinblüten sind meist in Form einer dichten Halbkugel angeordnet. Die Staubbeutel mit ihrem gelben Pollen lassen das Innere der Scheinblüten gelb erscheinen. Außer der Zwerg- und Moschus-Schafgarbe gibt es noch etliche ähnliche Schafgarben-Arten in den Alpen.

> blattloser Stängel mit einer Blüte
> gleicht großem Gänseblümchen
> an kühlen Standorten auf Kalk

Alpenmaßliebchen
Aster bellidiastrum

Merkmale Höhe 5–25 cm; Scheinblüte weiß, vor allem unterseits oft hellrosa, innen hellgelb, Durchmesser 2–3,5 cm; Stängel fein flaumig behaart; Blätter als Grundrosette; Blütezeit Mai–Juni. **Vorkommen** Gesamte Alpen, bis 2800 m; feuchte Waldstellen, Felsbänder, überrieselte Felsen, labile Hänge. **Wissenswertes** Das verwandte Gänseblümchen, das ebenfalls »Maßliebchen« genannt wird, kommt in den Alpen bis auf über 2000 m Höhe vor. Der Blütenboden des Alpenmaßliebchens ist im Gegensatz zu dem des Gänseblümchens nicht hohl und fast nicht gewölbt.

58–59

> Blätter ähneln dem Koriander
> in Kalk- und Silikatgebieten
> oft auf leicht feuchtem Boden

Korianderblättrige Schmuckblume
Callianthemum coriandrifolium

Merkmale Höhe 5–30 cm; Blüten weiß, selten zartrosa, Durchmesser der Blüte 1,3–2,5 cm; Blätter blaugrün; Blütezeit Juni–Juli. **Vorkommen** Zentralalpen, Südalpen, bis 2800 m; alpine Rasen, Viehweiden. **Wissenswertes** Die Blätter der Korianderblättrigen Schmuckblume ähneln denen des Korianders, einer Gewürzpflanze. Das Verbreitungsgebiet hat Lücken, denn während der eiszeitlichen Kaltzeit waren die Bestände an vielen Orten vernichtet worden und konnten sich aus den Überdauerungsgebieten nach der Kaltzeit nicht wieder ganzflächig ausbreiten.

> silbrig-weiße Scheinblüte
> innen weißlich bis braun-purpur
> zeigt die Luftfeuchtigkeit an

Silberdistel
Carlina acaulis

Merkmale Höhe 3–40 cm; Scheinblüten-Durchmesser 5–12 cm; Stängel sehr kurz oder bis 40 cm; Blätter stachelig, am Grund gehäuft; Blütezeit Juni–September. **Vorkommen** Gesamte Alpen, bis 2800 m; nährstoffarme Wiesen, Viehweiden. **Wissenswertes** Trockene, silberweiße Blätter, die Blütenblätter nachahmen, umgeben die eigentlichen Blüten, die innen wie auf einer runden Scheibe angeordnet sind. Die Scheinblüte ist nur bei trockenem Wetter sternförmig geöffnet. Bei höherer Luftfeuchtigkeit schließt sie sich. Daher heißt die Silberdistel auch »Wetterdistel«.

> niederliegender Zwergstrauch
> große, silberweiße Blüten
> dunkelgrüne Blätter

Weiße Silberwurz
Dryas octopetala

Merkmale Höhe 2–10 cm; Blüten-Durchmesser 3–4 cm, meist acht Blütenblätter; Blätter immergrün; Blütezeit Juni–August. **Vorkommen** Gesamte Alpen, bis 2800 m; Felsschutt, steinige alpine Rasen. **Wissenswertes** Die am Rand eingekerbten Blätter sind oben mit einem vertieften Adernetz versehen. Nach der Befruchtung bildet sich die Blüte zu einem 2–3 cm langen, dicht und fedrig weiß behaarten Schopf um. Die Silberwurz ist eine »Pionierpflanze« und nach der letzten eiszeitlichen Kaltzeit von Norden her in die Zonen eingewandert, in denen das Eis schon abgeschmolzen war.

> großer, weißer Scheinblüten-Stern lockt Insekten zu den unscheinbareren, gelben Blüten

Alpen-Edelweiß
Leontopodium nivale

Merkmale Höhe 5–20 cm; Scheinblüte mit fünf bis 15 weißen, dichtfilzigen Stängelblättern, die wie Blütenblätter einer einzigen sternförmigen Blüte wirken. Inmitten dieses »Sterns« sitzen die eigentlichen kleinen, teils goldgelben und röhrenförmigen Blüten in zwei bis zwölf kreisrunden Blütenständen; Blütezeit Juli–September. **Vorkommen** Gesamte Alpen, bis 3400 m; alpine Rasen, Felsspalten. **Wissenswertes** Das blendende Weiß entsteht durch Lichtreflexion vieler Luftbläschen an den verfilzten Haaren. Edelweiß-Arten wachsen hauptsächlich in den Hochsteppen Zentralasiens.

> auch Alpen-Wucherblume genannt
> wird vor allem von Fliegen bestäubt

Alpenmargerite
Leucanthemopsis alpina

Merkmale Höhe 5–15 cm; Scheinblüten-Durchmesser 2–3,5 cm, einzeln auf dem Stängel; Stängelblätter schmal, untere Blätter fiederteilig eingeschnitten; Blütezeit Juli–August. **Vorkommen** Vor allem Zentralalpen, bis 2800 m; feuchte Schutthalden, lückige alpine Rasen, Bereiche, in denen der Schnee lange liegen bleibt, meidet Kalkgebiete. **Wissenswertes** Der Name »Margerite« kommt von der aus tieferen Lagen bekannten, ähnlichen Magerwiesen-Margerite *(Leucanthemum vulgare)*. Beide Arten werden auch »Wucherblume« genannt, denn sie können an für sie geeigneten Plätzen große Bestände bilden.

> aufrechte, trichterförmige Blüte
> zwei grasartige Grundblätter
> an windexponierten Stellen

Späte Faltenlilie
Lloydia serotina

Merkmale Höhe 5–12 cm; Blüte weiß mit braunroten Streifen, Durchmesser 1–2 cm, ein bis zwei pro Stängel; untere Blätter nur ca. 0,1 cm breit, grasartig, länger als der Stängel; Blütezeit Juni–August. **Vorkommen** Zentralalpen, bis 3000 m; meidet Kalk. **Wissenswertes** Diese kaum fingerlange »Miniatur-Lilie« hat sich an trockene alpine Rasen angepasst, die nur kurz von Schnee bedeckt und starkem Wind ausgesetzt sind. Die milchig weißen Blüten sind innen gelblich gefärbt und fein rötlich gestreift. Dies soll die Insekten als Zielmarkierung zum offen liegenden Nektar leiten.

62–63

- Stängel mit Blattschuppen
- Blätter dreieckig bis herzförmig
- unterseits dicht weißfilzig

Alpen-Pestwurz
Petasites paradoxus

Merkmale Höhe 15–60 cm; Blütenstand mit 5–30 weißrötlichen Scheinblüten, Durchmesser der Einzelblüten 0,3–1 cm; Blütezeit März–Mai. **Vorkommen** Gesamte Alpen, bis 2000 m; Felsschutt, steinig-buschige Hänge. **Wissenswertes** Zur Blütezeit hat der Stängel nur schuppenförmige, violett überlaufene Blätter. Erst am Ende der Blütezeit erscheinen die bis zu 20 cm breiten Blätter unten am Stängel. Ähnlich ist die 120 cm hohe Gewöhnliche Pestwurz *(P. hybridus)*, deren rundliche Blätter bis zu 60 cm breit sind. Sie wächst an Bach- und Flussufern und in Erlengebüsch.

- Blüten ähneln Kuhglocken
- blüht gleich nach Schneeschmelze
- »Blütenglocken im Goldpelz«

Frühlings-Küchenschelle
Pulsatilla vernalis

Merkmale Höhe 5–15 cm; Blüten außen rosa, hellviolett oder zartblau, goldfarbig behaart, innen gelblich weiß bis hellrosa, Länge 4–6 cm, meist sechs Blütenblätter; Blütezeit März–Juli. **Vorkommen** Gesamte Alpen, bis 3000 m; Viehweiden. **Wissenswertes** Die Blüten sind erst glockenförmig und nickend, später aufrecht und sternförmig ausgebreitet. Die ledrigen, immergrünen Blätter überwintern. Küchenschellen heißen auch »Kuhschellen«, weil die Blüten an Kuhglocken erinnern. Der Name Küchenschelle kommt übrigens von »Kühchen-Schelle«, nicht von »Küche«.

- wechselständige Blätter
- die sehr giftige Pflanze wurde früher als Pfeilgift verwendet

Weißer Germer
Veratrum album

Merkmale Höhe 15–150 cm; Blüten weiß bis gelbgrün in hohem Blütenstand, Durchmesser 1,5–2,5 cm; Blütezeit Juni–August. **Vorkommen** Gesamte Alpen, bis 2000 m; Viehweiden. **Wissenswertes** Der sehr giftige Weiße Germer wird wie der bittere Gelbe Enzian (siehe S. 90) von erfahrenem Weidevieh verschmäht. Außerhalb der Blütezeit werden diese beiden Arten oft verwechselt. Die Blätter der Gelben Enzians sind allerdings gekreuzt gegenständig angeordnet, während der Weiße Germer wechselständige Blätter hat, die sich spiralig am Stängel nach oben »schrauben«. Giftig.

> variabel: gelb, weiß, blauviolett
> Linien-Muster weist Insekten den Weg

Zwerg-Augentrost
Euphrasia minima

Merkmale Höhe 5–15 cm; Blüten meist weiß mit gelbem Fleck und violetten Streifen, 0,5–0,7 cm lang, etwa gleich lang wie breit; Blütezeit Juli–September. **Vorkommen** Gesamte Alpen, bis 3300 m; Gesteinsschutt, kalkarme alpine Rasen, Viehweiden. **Wissenswertes** Die Blüten dieser Art sind sehr formenreich. Die Linien auf den Blütenblättern bieten den bestäubenden Insekten beim Anflug Landehilfe und Zielmarkierung. Sie weisen den Weg zum süßen Nektar. Der nah verwandte Augentrost *(E. officinalis)* wird in der Alternativmedizin bei Augenleiden verwendet.

> fleischfressende Pflanze
> fettig glänzende, gelbgrüne, klebrige Blätter

Alpen-Fettkraut
Pinguicula alpina

Merkmale Höhe 6–12 cm; Blüten einzeln auf blattlosen Stielen, 1–1,5 cm lang; Blätter breit, hellgrün, klebrig; Blütezeit Juli–September. **Vorkommen** Gesamte Alpen, bis 2500 m; nasse Felsen, Moore, feuchte Wiesen, mitunter auch an trockeneren Stellen. **Wissenswertes** Das Alpen-Fettkraut fängt mit klebrigem Fangsekret auf seinen Blättern kleine Mücken und Spinnen und verbessert so seine Versorgung mit Stickstoff und anderen Nährstoffen. Bis in 2200 m Höhe ist auch das Gewöhnliche Fettkraut *(P. vulgaris)* mit blauvioletten Blüten anzutreffen.

> Blätter ähneln denen des Buchs
> niedriger Halbstrauch
> kriechender Wuchs

Buchsblättriges Kreuzblümchen
Polygala chamaebuxus var. *chamaebuxus*

Merkmale Höhe 5–15 cm; Blüten weiß und gelb, später oft braunrot, 0,5–0,7 cm lang, zu eins bis drei; Stängel unten holzig (Halbstrauch), verzweigt; Blätter ledrig; Blütezeit Juli–September. **Vorkommen** Gesamte Alpen, bis 2500 m; lichte Wälder, Gebüsche, trockene alpine Rasen. **Wissenswertes** Die Blätter erinnern an die des Gewöhnlichen Buchsbaums *(Buxus sempervirens)*, der häufig als Ziergehölz angepflanzt und ebenfalls immergrün ist. In der Südschweiz wächst eine Varietät (*P. c.* var. *grandiflora*) mit größeren und purpurrosa-gelben Blüten.

> gekreuzt gegenständige Blätter
> eng glockenförmige Blüten
> dicht beblätterter Stängel

Kreuz-Enzian

Gentiana cruciata

Merkmale Höhe 15–40 cm; glockenförmige Blüten in Quirlen, schmutzig violettblau, innen hellblau, 2–2,5 cm lang, im obersten Viertel vierteilig gespalten, flach ausgebreitete Zipfel; Blätter gekreuzt gegenständig; Blütezeit Juni–September. **Vorkommen** Vor allem Kalkalpen, bis 1600 m; Trockenwiesen, lichte Wälder. **Wissenswertes** Der Name des Kreuz-Enzians kommt von den kreuzförmig angeordneten Blattpaaren. Enzianblüten schließen sich bei Regen, um sich zu schützen. Genau wie die Blüten der Glockenblumen werden sie gerne von Insekten als Unterschlupf genützt.

> blass blauviolette Blüten, innen gefranst
> Blüten einzeln auf langen Stielchen

Zarter Fransen-Enzian

Gentianella tenella

Merkmale Höhe 2–10 cm; Blüten blass blauviolett, 0,5–1 cm lang, meist vier, selten fünf Blütenblätter, Blüten einzeln auf langem Stiel; Blätter in einer Grundrosette, bis 1 cm lang, Stängel verzweigt; Blütezeit Juli–September. **Vorkommen** Vor allem Zentralalpen, bis 3000 m; alpine Rasen. **Wissenswertes** Zur Blütezeit sind die oberen Blätter oft schon verwelkt. Die kranzförmig angeordneten Fransen in der Blüte verhindern, dass kleine Insekten hineinkriechen, die die Blüte nicht bestäuben können. So gelangen nur langrüsselige Hummeln und Falter an den Nektar.

> wächst in Felsspalten
> blauviolette Blüten
> nur auf Kalk oder Dolomit

Blaues Mänderle

Paederota bonarota

Merkmale Höhe 10–20 cm; Blüten tief blauviolett, 0,8–1,3 cm lang, zu zehn bis 40; Blätter 1,5–3 cm lang; Blütezeit Juli–August. **Vorkommen** Vor allem Kalkalpen, Südliche Kalkalpen von den Bergamasker Alpen an ostwärts, nicht in den Westalpen, bis 2600 m; Felsspalten. **Wissenswertes** Der Blütenstand ist oft überhängend. Von den Vicentiner Alpen und den Dolomiten an ostwärts kommt auch das Gelbe Mänderle *(Paederota lutea)* vor, das gelbe Blüten hat und bis zu 10 cm hoch wird. Beide Arten findet man in den Nördlichen Kalkalpen nur sehr vereinzelt.

68–69

> nickende, große, hellblaue Blüten
> Blütenblätter mit Sporn
> in den Westalpen

Alpen-Akelei
Aquilegia alpina

Merkmale Höhe 15–80 cm; Blüten hellblau bis blaulila, Durchmesser 5–8 cm, fünf Blütenblätter mit Sporn, ein bis drei Blüten pro Stängel; Blütezeit Juni–August. **Vorkommen** Vor allem Westalpen, bis 2500 m; feuchte, kalkhaltige Wiesen, Gebüsche, lichte Wälder. **Wissenswertes** Ähnliche Arten kommen auch weiter in die Ostalpen hinein vor, sie haben alle wesentlich kleinere Blüten. Die Gewöhnliche Akelei (*A. vulgaris* var. *vulgaris*), aus der Gartensorten gezüchtet worden sind, blüht blauviolett, selten rosa oder weiß. Verbreitet ist auch die Schwarzviolette Akelei *(A. atrata)*.

> himmelblaue Blütenglöckchen
> »bärtige« Blütenzipfel

Bärtige Glockenblume
Campanula barbata

Merkmale Höhe 10–40 cm; Blüten hellblau bis blaulila, selten weiß, 2–3 cm lang, zu zwei bis zwölf, meist nickend; Stängel aufrecht, unverzweigt; Blütezeit Juni–August. **Vorkommen** Vor allem Zentralalpen, in den Kalkalpen zerstreut, bis 3000 m; magere Viehweiden, alpine Rasen, lichte Wälder. **Wissenswertes** Der Eingang der Blütenglocke ist »bärtig«, das heißt, er ist mit oft krausen Haaren versehen, die bis 0,5 cm lang sein können. Sie sollen wahrscheinlich kleine Ameisen und Ohrwürmer davon abhalten, den Nektar zu verzehren, ohne die Blüten zu bestäuben.

> zierliche Glockenblume
> wächst in Grüppchen
> kurze, nickende Blütenglöckchen

Zwerg-Glockenblume
Campanula cochleariifolia

Merkmale Höhe 5–15 cm; Blüten blau, hellblau bis helllila, selten weiß, 1–1,8 cm lang, kurze und bauchige Blütenglocken, nickend, zu zwei bis acht pro Stängel; Blätter unten am Stängel rundlich, oben schmal; Blütezeit Juni–August. **Vorkommen** Vor allem Kalkalpen, bis 3000 m; Felsen, Mauern, Steinschutthalden, Kiesbänke. **Wissenswertes** Diese zierliche Glockenblumen-Art wächst zu mehreren dicht an dicht. Im Gegensatz zu ähnlichen Arten sind die Blätter am Grund der Stängel zur Blütezeit nicht verwelkt und es gibt auch Blattrosetten ohne Blüten.

> dunkelblaue, glockig aufgebogene Blüten
> zierliche Pflanze mit zarten Stängeln

Scheuchzers Glockenblume
Campanula scheuchzeri

Merkmale Höhe 8–40 cm; Blüten tiefblau bis blauviolett, 1,5–3,5 cm lang, zu eins bis fünf pro Stängel; Blütezeit Juni–August. **Vorkommen** Gesamte Alpen, bis 3300 m; Wiesen, alpine Rasen. **Wissenswertes** Die Knospen und auch die Blüten sind zu Beginn und zu Ende der Blütezeit nickend, doch dazwischen stehen sie nicht selten schräg aufwärts. Die Zipfel der Blüten sind etwas nach außen gebogen. Sämtliche Blattrosetten tragen so gut wie immer Blüten. Die Blätter am Grund des Stängels sind in der Regel zur Blütezeit bereits abgestorben.

> Blüten ähneln Vergissmeinnicht
> Ring der Blütenmitte auch weiß
> bevorzugt Silikatuntergrund

Himmelsherold
Eritrichium nanum

Merkmale Höhe 1–4 cm; Blüten intensiv himmelblau, innen mit gelbem, später weißlichem Ring, Durchmesser 0,5–0,8 cm, Blütenzipfel breit gerundet; Blätter 0,5–1 cm lang; Blütezeit Juli–August. **Vorkommen** Fast gesamte Alpen, bis 3400 m; auf silikatischem Gestein. **Wissenswertes** Der Himmelsherold wächst in dicht beblätterten Polstern, die sich an den Boden anschmiegen. Nicht alle seiner zahlreichen Blattrosetten tragen Blüten. Die Blütentriebe sind mehrblütig. Die Rosettenblätter sind dicht mit seidig glänzenden Haaren besetzt. Diese Härchen schützen vor Verdunstung.

> stachelige, distelartige Pflanze
> oben oft hell blauviolett
> in den Süd- und Westalpen

Alpen-Mannstreu
Eryngium alpinum

Merkmale Höhe 30–100 cm; Blüten blauviolett bis bläulich weiß, in einem nach oben ausgezogenen Blütenstand mit 3,5–6 cm Durchmesser und Länge; Blütezeit Juni–September. **Vorkommen** Vor allem Südalpen, bis 2500 m; mit anderen vom Vieh verschmähten Pflanzen auf nährstoffreichen Böden, Mähwiesen. **Wissenswertes** Der länglich-eiförmige, oft amethystfarbene Blütenstand ist von vielen stechenden, mit borstigen Haaren versehenen Hüllblättern umgeben. Dies wirkt wie eine große Blüte. Oft sind diese Hüllblätter heller violett gefärbt als der Blütenstand.

> sehr große, prächtige Blüte
> auf kalkarmem Boden
> Ahn beliebter Gartensorten

Stängelloser Silikat-Enzian

Gentiana acaulis

Merkmale Höhe 8–15 cm; Blüte 4–6 cm lang, dunkelblau, glockenförmig mit fünf Zipfeln; Blätter 4–10 cm lang, oberhalb der Mitte am breitesten; Blütezeit Mai–August. **Vorkommen** Vor allem Zentralalpen; bis 3000 m; nährstoffarme, feuchte, lehmige Wiesen. **Wissenswertes** Der Name Silikat-Enzian besagt, dass dieser Enzian fast nur in Gebieten mit Silikatgestein (Urgestein, saurer Boden) wächst. Die große, innen olivgrün gestreifte oder gefleckte Blütenglocke steht recht aufrecht auf kurzem Stängel und schließt sich bei sinkender Temperatur.

> kommt in großen Höhen vor
> hat nur 1 cm lange Blätter
> lange, auffallend enge Blüte

Kurzblättriger Enzian

Gentiana brachyphylla

Merkmale Höhe 2–5 cm; Blüten hell- bis mittelblau, innen weiß, Außenseite oft etwas grünlich, Durchmesser 1,5–2,5 cm; Blätter unten in einer Rosette, hellgrün, 1 cm lang; Blütezeit Juni–September. **Vorkommen** Vor allem Zentralalpen, bis 4200 m; kalkarmer Gesteinsschutt, lückige alpine Rasen. **Wissenswertes** Der Kurzblättrige Enzian ist die am höchsten vorkommende Enzian-Art der Alpen. Er ähnelt dem Frühlings-Enzian (siehe S. 76), ist aber niedriger, hat auch blütenlose Blattrosetten und weichere, dünnere und vor allem kürzere Blätter.

> sehr große Blüte, innen ohne olivgrüne Flecken und Streifen
> in Gebieten mit Kalkstein

Stängelloser Kalk-Enzian

Gentiana clusii

Merkmale Höhe 5–15 cm; Blüte 3–6 cm lang, glockig mit fünf Zipfeln; Blätter bis 5 cm lang, an oder unter der Mitte am breitesten; Blütezeit Mai–August. **Vorkommen** Vor allem Kalkalpen, bis 2800 m; nährstoffarme, feuchte, lehmige Wiesen. **Wissenswertes** Der Name besagt, dass dieser Enzian ebenfalls einen kurzen Stängel hat, fast nur in Gebieten mit Kalkgestein wächst und dort den täuschend ähnlichen Stängellosen Silikat-Enzian (siehe oben) vertritt. Seine große, intensiv dunkelblaue Blütenglocke ist innen weißlich gestreift und/oder dunkelblau gepunktet.

> zierlicher Enzian
> von Grund an ästig verzweigt
> kleine, azurblaue Blüten

Schnee-Enzian
Gentiana nivalis

Merkmale Höhe 2–15 cm; Blüten dunkel- bis hellblau, 1–1,8 cm lang, zu mehreren pro Stängel; Blütezeit Juni–September. **Vorkommen** Gesamte Alpen, bis 2800 m; magere alpine Rasen, Grate, Gipfel. **Wissenswertes** Der Schnee-Enzian hat keine blütenlosen Triebe. Die 0,5 cm langen Blütenzipfel sind meist propellerartig gedreht. Innerhalb einer Stunde können sich die sensiblen Blüten mehrmals öffnen und schließen. Die Schließbewegung kann bereits durch die Abkühlung ausgelöst werden, die eintritt, wenn sich eine Wolke vor die Sonne schiebt.

> intensiv dunkelazurblaue Blüten
> blüht schon im Frühling
> auch »Schusternägele« genannt

Frühlings-Enzian
Gentiana verna

Merkmale Höhe 3–10 cm; Blüten tief dunkelazurblau, Durchmesser 2–2,5 cm, meist einzeln pro Stängel; Blätter unten in einer Rosette, steif, 2–3 cm lang; Blütezeit März–Juli. **Vorkommen** Gesamte Alpen, bis 2800 m; Wiesen, Viehweiden. **Wissenswertes** Der Frühlings-Enzian hat auch blütenlose Triebe. Die fünf flach ausgebreiteten Blütenzipfel sitzen am Ende der langen »Blütenröhre«. Diese »Stielteller-Blüte« ist auf den Besuch von Faltern abgestimmt, die gut landen und mit ihrem Saugrüssel den tief unten verborgenen Nektar erreichen können.

> gleicht dem Himmelsherold
> azurblaue Blüten
> kurze Blütenröhre

Alpen-Vergissmeinnicht
Myosotis alpestris

Merkmale Höhe 5–20 cm; Blüten azurblau, innen gelb, Durchmesser 0,6–0,9 cm, Kelchblätter mit zahlreichen anliegenden, überwiegend geraden Haaren; Blätter unten am Stängel in Rosetten, gestielt; Blütezeit Juni–August. **Vorkommen** Gesamte Alpen, bis 2750 m; alpine Rasen, Gesteinsschutt. **Wissenswertes** Der Nektar im röhrenförmigen Inneren der Blüte ist auch für Tagfalter und andere Insekten mit kurzem Saugrüssel zugänglich, denn die »Blütenröhre« ist nur kurz. Der ähnliche Himmelsherold wächst erst ab 2000 m Höhe, hat kleinere Blattrosetten und bildet flache Polster.

> halbkugel- bis kugelförmiger Blütenstand
> blauviolette, meist zur Mitte gebogene Blüten

Halbkugelige Teufelskralle

Phyteuma hemisphaericum

Merkmale Höhe 3–15 cm; Blütenstand blau- bis lilaviolett, Durchmesser 1–2 cm, Einzelblüten mit bandförmigen Zipfeln; Blätter grasartig, 0,1–0,2 cm breit; Blütezeit Juli–August. **Vorkommen** Fast gesamte Alpen, bis 3000 m; alpine Rasen, Viehweiden. **Wissenswertes** Vor dem Aufblühen sind die 1–1,5 cm langen, schmal-röhrenförmigen Einzelblüten nach innen gekrümmt. Der Gattungsname Teufelskralle bezieht sich auf diese Form der Einzelblüten oder auf klauenartig gekrümmte Wurzeln, der Namensbestandteil »halbkugelig« auf die Form des Blütenstands.

> Blüten bilden kugelförmigen Blütenstand, dies verstärkt die Schauwirkung auf Insekten

Kugel-Teufelskralle

Phyteuma orbiculare

Merkmale Höhe 10–15 cm; Blütenstand dunkel blaulila, Durchmesser 2,5–3,5 cm; Blütezeit Mai–September. **Vorkommen** Zentral- und Südalpen, bis 3000 m; alpine Rasen. **Wissenswertes** Teufelskrallen werden wie bestimmte Glockenblumen auch Rapunzeln bzw. Raiponce genannt, denn manche werden als Kochzutat genutzt. Das mittellateinische Beiwort einiger solcher Arten namens »rapunculus« bedeutet, dass deren Wurzel rübenartig dick und klauenförmig ist. Die medizinisch genutzte Afrikanische Teufelskralle gehört zu einer ganz anderen Pflanzenfamilie.

> klebriges Drüsenhaar-Sekret
> intensiver Blütenduft
> heißt auch »Blauer Speik«

Klebrige Primel

Primula glutinosa

Merkmale Höhe 2–10 cm; Pflanze klebrig; Blüten anfangs dunkelblau, später schmutzig violett, beim Verblühen lila, zu eins bis sieben pro Stängel; Blütezeit Juni–August. **Vorkommen** Zentrale und südliche Ostalpen, bis 3100 m; feuchte alpine Rasen, Schutt. **Wissenswertes** Weil diese Art oft in lange mit Schnee bedeckten Mulden wächst, ist ihre Blütezeit für eine Primel relativ spät. Der Flurname »Speikboden« bezieht sich auf diese Pflanze, die auch »Blauer Speik« und »Frauenspeik« genannt wird. Als »Speik« werden aber auch andere duftende Alpenpflanzen bezeichnet.

> Stängel oben braun behaart
> untere Blätter bis 25 cm lang und bis 12 cm breit

Alpen-Milchlattich
Cicerbita alpina

Merkmale Höhe 50–200 cm; Scheinblüten hellviolett bis blauviolett, Durchmesser 2–3 cm; Blütezeit Juni–August. **Vorkommen** Gesamte Alpen, bis 2500 m; mit anderen hohen Pflanzen auf nährstoffreichen Böden, in Bergwäldern. **Wissenswertes** Der weißliche Milchsaft der Pflanze enthält wie bei allen Lattich-Arten Bitterstoffe, die sie davor schützen, gefressen zu werden. Die wechselständigen Stängelblätter ähneln riesigen »Löwenzahn-Blättern«, sind aber im vorderen Abschnitt spitz und dort wie ein großes Dreieck geformt.

> strahlenförmige, große »Kornblumen-Blüte«
> flockig behaart, daher der Name

Bunte Flockenblume
Centaurea triumfettii subsp. *triumfettii*

Merkmale Höhe 20–70 cm; Scheinblüte groß, strahlenförmig, außen tiefblau, innen purpurrot bis rotviolett, Durchmesser 2–5 cm; Blütezeit Mai–Juli. **Vorkommen** Südalpen, bis 2000 m; lichte Wälder, trockene Hänge. **Wissenswertes** Die Bunte Flockenblume ist weißfilzig behaart und heißt daher auch Filz-Flockenblume. Oft ist der Stängel mehrblütig. Vor allem in den Nordalpen verbreitet und darüber hinaus aus Bauerngärten bekannt ist die ähnliche Berg-Flockenblume *(Centaurea montana)*, die größere Scheinblüten hat (bis 6 cm), aber nur eine pro Stängel.

> halbkugeliger Blütenstand
> vorne leicht herzförmig eingebuchtete Blätter

Herzblättrige Kugelblume
Globularia cordifolia

Merkmale Höhe 3–10 cm; Blütenstand hellblau bis violett, Durchmesser 1–2 cm, Einzelblüten 0,6–0,8 mm lang; Stängel niederliegend, holzig, verästelt; Blütezeit Mai–Juli. **Vorkommen** Vor allem Kalkalpen, bis 2000 m; steinige alpine Rasen, Felsschutt, Felsspalten. **Wissenswertes** Dieser kriechende Halbstrauch bildet ein ausgedehntes Geflecht und baut sich darin eine eigene Humusschicht auf. Die bis zu 4 cm langen und bis zu 1 cm breiten Blätter laufen zum Stiel hin immer schmaler zu. Triebe, die Blüten tragen, ragen nach oben und sind blattlos.

> blaue Blüten erinnern an altertümlichen, eisernen Helm
> äußerst giftig

Blauer Eisenhut
Aconitum napellus

Merkmale Höhe 20–170 cm; Blütenstand länglich, dicht, 10–30 cm lang, Einzelblüten 2–3 cm lang, dunkel blauviolett-tiefblau; Blütezeit Juni–September. **Vorkommen** Gesamte Alpen, bis 2400 m; nährstoffreiche Wiesen. **Wissenswertes** Mit ihrem oberen, helmförmigen Blütenblatt sind Eisenhut-Blüten und die Eisenhut-Hummel *(Bombus gerstaeckeri)* perfekt aneinander angepasst. Eisenhut-Arten gehören zu den gefährlichsten Giftpflanzen. Ihr Gift kann durch die Haut in den Körper dringen. Es wurde für Hinrichtungen, Giftköder und als Pfeilgift verwendet. Giftig.

> oberes Blütenblatt ähnelt entfernt einem flachen Helm
> obere Blätter wie Blüten gefärbt

Europäischer Alpenhelm
Bartsia alpina

Merkmale Höhe 8–20 cm; Blüten dunkelviolett bis schwarzrot, 1,5–2,2 cm lang; Blätter gekreuzt gegenständig, Blütezeit Juni–August. **Vorkommen** Gesamte Alpen, bis 3000 m; Wiesen, nasse Viehweiden, Quell- und Flachmoore. **Wissenswertes** Durch seine düsterviolette Färbung ist der Alpenhelm unverkennbar. Die dunkelviolette bis bräunlich rote Färbung im oberen Teil kommt von blauroten Farbstoffen, die in den oberen Blättern das Blattgrün überlagern. Der Alpenhelm ist ein Halbschmarotzer: Er entzieht anderen Pflanzen Wasser und Mineralstoffe.

> Linien auf den Blüten dienen Insekten zur Orientierung

Alpen-Augentrost
Euphrasia alpina

Merkmale Höhe 3–15 cm; Blüten hell blaulila-weißlich bis rosa, mit violetten Linien und gelbem Innenfleck, manchmal unten weiß, 0,8–1,4 cm lang; Blütezeit Juni–Oktober. **Vorkommen** Vor allem Westalpen, Ostalpen bis Südtirol, bis 2750 m; kalkarme alpine Rasen, Viehweiden. **Wissenswertes** Die unteren drei Blütenblätter bieten Fliegen einen idealen Landeplatz. Aderzeichnungen, früher als »Wimpern« eines Auges gedeutet, weisen den Weg zum Nektar. Augentrost-Arten werden in der Volksmedizin bei Augenleiden verwendet.

> ungewöhnlicher Farbkontrast: blauviolett und orange
> Blüte mit Sporn

Alpen-Leinkraut
Linaria alpina

Merkmale Höhe 3–15 cm; Blüten blauviolett, in der Mitte meist orange, Länge 1,5–2 cm, zu drei bis 15 pro Blütentrieb; Blätter bläulich grün; Blütezeit Juni–September. **Vorkommen** Zentral- und Südalpen, bis 4000 m; Felsschutt. **Wissenswertes** In der Blüte ragt ein mit Nektar gefüllter Sporn nach unten, der so lang wie die übrige Blüte ist. Ihr starker Farbkontrast lockt Insekten an. Beblätterte Triebe überdecken den Gesteinsschutt und bewurzeln sich neu. Der Name »Leinkraut« kommt von der Ähnlichkeit der Blätter des Leinkrauts mit denen des Leins *(Linum usitatissimum)*.

> untere Blätter etwas glänzend
> Kelchblätter zu glänzend rotbraunen Borsten umgewandelt

Glänzende Skabiose
Scabiosa lucida

Merkmale Höhe 10–30 cm; Scheinblüte lila bis violett, Durchmesser 2–3,5 cm; Blütezeit Juni–Oktober. **Vorkommen** Gesamte Alpen, bis 2700 m; nährstoffarme, trockene Bergwiesen, Felsschutt. **Wissenswertes** Die nektarreichen, trichterförmigen Einzelblüten sind zu einem Blütenstand vereinigt, der dadurch wie eine einzige, große Blüte wirkt. Die Europäische Kugelorchis *(Traunsteinera globosa)* ahmt den Blütenstand der Skabiose nach, damit auch zu ihr bestäubende Insekten kommen, obwohl sie keinen Nektar anbietet. Bestäuber sind vor allem Tagfalter.

> Blüte mit langem, engem, nektargefülltem »Sporn«, daher für Falter geeignet

Langsporniges Stiefmütterchen
Viola calcarata subsp. *calcarata*

Merkmale Höhe 3–10 cm; Blüten blauviolett, seltener gelb, weiß oder mehrfarbig, Durchmesser 2–4 cm; Blütezeit Mai–August. **Vorkommen** Westalpen, Ostalpen bis Nordtirol, bis 4000 m; alpine Rasen, Steinschutt. **Wissenswertes** Der nach hinten gerichtete Sporn – ein hohler Blütenauswuchs, der als Nektargefäß dient – ist bei dieser Art so lang wie ein Blütenblatt. Als Stiefmütterchen bezeichnet man eine Gruppe von Veilchen, bei denen sich die Blütenblätter teils überlappen. Diese Art durchzieht als »Schuttwanderer« mit langen Kriechtrieben den Gesteinsschutt.

> hellgrüne bis gelbgrüne brillenförmige Früchte
> je zwei Früchte nebeneinander

Glattes Brillenschötchen

Biscutella laevigata

Merkmale Höhe 20–40 cm; Blüten gelb, Durchmesser 0,4–1,1 cm; Stängel oben meist verzweigt; Blütezeit April–August. **Vorkommen** Gesamte Alpen, bis 2800 m; trockene alpine Rasen, Kalksteinschutt, trockene Wälder. **Wissenswertes** Neben Blüten in Vollblüte trifft man oft bereits Blüten im Zustand der Samenreife an. In diesem Stadium werden Blüten als Früchte bezeichnet, die beim Brillenschötchen als sogenannte Schötchen ausgebildet sind. Diese Früchte erinnern bei dieser Art an Brillengläser mit Einfassung – daher der Name Brillenschötchen.

> immergrüne Blattrosetten
> wächst auf Kalkfelsen
> beliebte Steingartenpflanze

Immergrünes Felsenblümchen

Draba aizoides

Merkmale Höhe 2–10 cm; Blüten gelb, bleichen später aus, Durchmesser 0,5–1 cm, zu fünf bis zehn pro Stängel; Blätter steif, schmal, bis zu 2 cm lang; Blütezeit März–August. **Vorkommen** Gesamte Alpen, bis 3400 m; Felsritzen. **Wissenswertes** Wegen seiner Genügsamkeit heißt das Felsenblümchen auch »Gelbes Hungerblümchen«. Es ist unempfindlich gegen Kälte und Austrocknung durch Wind. Obwohl seine Blätter auch im Winter grün sind, kann es ohne isolierenden Schneeschutz überwintern. Die Blütenknospen werden bereits im Herbst angelegt, damit es gleich im März blühen kann.

> »Schutt-Stauer«
> Blüten enthalten viel Pollen
> heißt auch »Rhätischer Alpenmohn«

Gelber Alpen-Mohn

Papaver alpinum subsp. *rhaeticum*

Merkmale Höhe 10–15 cm; Blüten gelb bis orange, Durchmesser 4–5 cm; Blütezeit Juli–Oktober. **Vorkommen** Ostalpen bis Graubünden, Südwestalpen, bis 3000 m; Geröll, Felsschutt, auf Kalk. **Wissenswertes** So zart dieser Mohn mit seinen von jedem Windhauch bewegten Blüten wirkt, so kraftvoll ist er mit seiner Pfahlwurzel in labilen Kalkschutthalden verankert. Mit anderen, am Hang aufwärts ziehenden Wurzeln sichert er sich wie ein Bergsteiger am Seil ab. Fein verzweigte Nährwurzeln durchspinnen die feuchte Feinerde unter dem Schutt.

- gelbgrüne, kleine Blüten von Hochblatt-Hülle umgeben
- wächst an trockenen Hängen

Sternblütiges Hasenohr
Bupleurum stellatum

Merkmale Höhe 15–30 cm; Blüten hellgrün bis gelb; Blätter blaugrün, Stängelblätter 5–30 cm lang und bis 1,5 cm breit, untere Blätter ähneln Grasbüscheln; Blütezeit Juli–August. **Vorkommen** Westalpen, östlich bis Vorarlberg und zum Ortler, bis 2600 m; steinige Wiesen, Felsspalten. **Wissenswertes** Die Stängelblätter mancher Arten der Gattung »Hasenohr« ähneln aufgestellten Hasenohren. Verdorrte Blätter bleiben lange bestehen. Die kleinen Blüten sind auf einer sternförmig-schalenartigen Unterlage aus gelblichen Hochblättern halbkugelig angeordnet.

- Blüten gelb wie Eidotter, glänzen fettig
- auf Sumpfboden
- heißt auch Butterblume

Sumpf-Dotterblume
Caltha palustris

Merkmale Höhe 10–50 cm; Blüten gelb, Durchmesser 2,5–4 cm, viele Staubblätter; Blätter nierenförmig; Blütezeit im Tiefland März–Mai, in höheren Lagen Juni–Juli. **Vorkommen** Gesamte Alpen, bis 2200 m; Bachufer, nasse Wiesen. **Wissenswertes** Die pollenreichen Blüten sondern viel Nektar ab. Sie werden von Fliegen, Ameisen, Käfern, Bienen und Hummeln bestäubt. Regentropfen schleudern die schwimmfähigen Samen heraus, die über das Wasser verbreitet werden. Früher wurde mit den Blüten dieser »Butterblume« die Butter gelb gefärbt.

- walzenförmiger Blütenstand aus blassgelben Blütenglöckchen
- blüht frühestens im zweiten Jahr

Strauß-Glockenblume
Campanula thyrsoides

Merkmale Höhe 10–40 cm; Blüten hellgelb-trübgelb, enge Glöckchen, in sehr dicht gedrängtem, dickem, 8–30 cm hohem Blütenstand, Einzelblüten 1,5–2,5 cm lang; Stängel sehr dicht beblättert, unverzweigt; Blütezeit Juni–September. **Vorkommen** Westalpen, Zentralalpen, Nordost-Kalkalpen, bis 2600 m; Bergwiesen, alpine Rasen. **Wissenswertes** Auf Mähwiesen kann sich diese Art nur behaupten, wenn bloß jedes zweite Jahr gemäht wird. Dort blüht sie meist im zweiten Jahr, in größeren Höhen erst nach sieben bis zehn Jahren. Sie bildet dann ca. 18 000 Samen und stirbt dann ab.

> blaugrüner Wachsüberzug
> röhrenförmige blassgelbe Blüten mit braunvioletter Mitte

Alpen-Wachsblume
Cerinthe glabra

Merkmale Höhe 10–60 cm; Blüten 1–1,5 cm lang; Blätter umfassen unten den Stängel; Blütezeit Mai–August. **Vorkommen** Westalpen, Ostalpen bis Kärnten, bis 2000 m; Viehweiden, Hänge, Gebüsche. **Wissenswertes** Die Wachsblume wird nur von Hummeln bestäubt, die lange Saugrüssel haben und damit an den tief in den röhrenförmigen Blüten verborgenen Nektar gelangen. Mit den auch »Wachsblumen« oder »Porzellanblumen« genannten Zimmerpflanzen der Gattung *Hoya* hat sie nichts zu tun, außer den ebenfalls wie mit Wachs überzogenen Blättern.

> goldgelbe Blüten in Büscheln
> gegenständige Blätter
> sehr bitter, vom Vieh verschmäht

Gelber Enzian
Gentiana lutea

Merkmale Höhe 40–150 cm; Blüten gelb mit fünf bis sechs Zipfeln, jeweils zu drei bis zehn in Quirlen; Blütezeit Juni–August. **Vorkommen** Gesamte Alpen, bis 2500 m; Bergwiesen. **Wissenswertes** Flaschen mit Enzianschnaps zeigen werbewirksam die prächtig blauen Blüten der Stängellosen Enziane. In Wirklichkeit wird der Schnaps aber vor allem aus der armdicken Wurzel dieser Art gebraut, die den bittersten Naturstoff enthält. Wegen solcher Bitterstoffe ist sie eine wertvolle Heilpflanze. Sie wird oft mit dem Weißen Germer verwechselt, der aber wechselständige Blätter hat.

> Blüten öffnen sich erst ab 20 °C
> Blüten der Sonne zugewandt
> werden nur einen Tag alt

Großblütiges Sonnenröschen
Helianthemum nummularium subsp. *grandiflorum*

Merkmale Höhe 10–40 cm; Blüten zu zwei bis 15, Durchmesser 3–4,5 cm; Stängel unten verholzt; Blätter immergrün; Blütezeit Juni–September. **Vorkommen** Vor allem Kalkalpen, bis 2100 m; nährstoffarme, trockene Rasen, Gesteinsschutt. **Wissenswertes** Jede der Sonnenröschen-Blüten lebt nur einen Tag lang. Am Nachmittag schließen sie sich und die Blütenblätter fallen ab. Sobald die sensiblen Staubblätter von besuchenden Insekten berührt werden, spreizt dieser Halbstrauch sie rasch nach außen. Dadurch werden die Insekten mit Blütenstaub eingepudert.

- goldgelbe Blüten, oft mit orangen Flecken, die Insekten zum Nektar führen
- Blätter gefingert

Gold-Fingerkraut
Potentilla aurea

Merkmale Höhe 5–20 cm; Blüten goldgelb, Durchmesser 1,5–2,5 cm, zu eins bis fünf pro Stängel, Blütenblätter am Grund oft mit tieforangem Fleck; Blätter meist fünfzählig, oberseits kahl, Blattrand silberglänzend behaart; Blütezeit Juni–September. **Vorkommen** Gesamte Alpen, bis 3000 m; Wiesen, Vieweiden, alpine Rasen. **Wissenswertes** Das Gold-Fingerkraut findet man oft auf nicht zu intensiv genutzten Viehweiden, denn seine Samen werden durch den Kot des Viehs verbreitet. Ebenfalls trifft man es an Stellen an, die lange vom Schnee bedeckt waren.

- größte alpine Primel
- goldgelbe Blüten, duften stark
- Ahn der Garten-Aurikeln

Gewöhnliche Alpen-Aurikel
Primula auricula

Merkmale Höhe 5–25 cm; Blüten goldgelb, trichterförmig, zu vier bis zwölf jeweils mit Stielchen; Blütezeit April–Juni. **Vorkommen** Vor allem Kalkalpen, bis 2900 m; feuchte Felsspalten, steinige alpine Rasen. **Wissenswertes** Mit ihrem goldgelb leuchtenden Blütenstand und ihrer Blattrosette unten am Stängel erinnert die Alpen-Aurikel an eine kräftige Schlüsselblume. Die 13 cm langen, hell- bis blaugrünen Blätter sind ledrig, oft wie mit Mehl überpudert und können Wasser speichern. Mit ihrer kräftigen Wurzel ist die Pflanze tief und fest im Boden verankert.

- wie alle Hahnenfuß-Arten giftig
- in getrocknetem Heu für Weidevieh unbedenklich

Berg-Hahnenfuß
Ranunculus montanus

Merkmale Höhe 5–40 cm; Blüten tiefgelb, Durchmesser 2–3 cm, zu eins bis drei pro Stängel, Kelchblätter liegen an Blütenblättern an; Stängel rund; Blätter bis mindestens zur Mitte dreiteilig, seitliche Abschnitte weniger eingeschnitten; Blütezeit Juli–August. **Vorkommen** Gesamte Alpen, bis 2500 m; nährstoffreiche Wiesen und Weiden, Gesteinsschutt. **Wissenswertes** Die oberen zwei Drittel der Blütenblätter leuchten stärker gelb. Am Grund jedes Blütenblatts wird Nektar abgesondert. Er lockt vor allem Fliegen und Tagfalter, aber auch Hummeln an. Giftig.

> senkrecht stehendes Blatt wie ein römischer Schild
> giftig

Schildblättriger Hahnenfuß
Ranunculus thora

Merkmale Höhe 10–30 cm; Blüten gelb, Durchmesser 1,5–2 cm, zu eins bis fünf stehend; Blütezeit Mai–Juli. **Vorkommen** Südalpen, bis 2800 m; alpine Rasen, Felsschutt, Berg-Kiefern-Bestände. **Wissenswertes** Diese Art enthält wie der Giftige Hahnenfuß *(Ranunculus sceleratus)* große Mengen des Hahnenfuß-Giftes Ranunculin bzw. Protoanemonin. Aus den Knollen wurde Pfeilgift hergestellt. Zur Blütezeit ist – neben einigen viel kleineren Stängelblättern – nur das eine große, schildförmige Blatt über der Mitte des Stängels vorhanden. Giftig.

> attraktive bunte Blütensterne
> an sickernassen Stellen
> Futterpflanze des Alpen-Apollo

Fetthennen-Steinbrech
Saxifraga aizoides

Merkmale Höhe 5–25 cm; Blüten gelb, orange oder rot, mitunter zweifarbig, oft mit Punkten, Durchmesser ca. 1 cm, zu mehreren pro Stängel; Stängel niederliegend, bogig aufsteigend; Blätter 0,5–3 cm lang, glänzend; Blütezeit Juni–Oktober. **Vorkommen** Gesamte Alpen, bis 3100 m; sickernasse, steinige Standorte, Kiesbänke. **Wissenswertes** Die »fetten«, dicklichen Blätter ähneln denen einer Fetthenne bzw. eines Mauerpfeffers der Gattung Dickblattgewächse *(Sedum)*. Sie sind ebenfalls immergrün, also auch im Winter vorhanden.

> Blattrosetten bilden moosartigen Teppich
> orange-gelbe Saftmale

Moos-Steinbrech
Saxifraga bryoides

Merkmale Höhe 2–5 cm; Blüten weiß oder gelblich, orange-gelb gezeichnet, Durchmesser 1–1,5 cm; Blütezeit Juli–August. **Vorkommen** Vor allem Zentralalpen, bis 4000 m; steinige Böden. **Wissenswertes** Der Moos-Steinbrech wächst in dichten, flachen Polstern, gern auf kalkfreiem Gesteinsgrus. Darunter versteht man durch Verwitterung entstandene Gesteinsstücke mit einer Korngröße von 2–6,3 mm. Die orange-gelben Punkte auf den Blüten sind Pollen-Attrappen, die Insekten anlocken und ihnen den Weg zum Nektar weisen. Sie werden auch als »Saftmale« bezeichnet.

- dicke Blätter ähnlich wie Mauerpfeffer
- bildet Polster

Mauerpfeffer-Steinbrech

Saxifraga sedoides subsp. *sedoides*

Merkmale Höhe 1–10 cm; Blüten blassgelb, gelbgrün oder zitronengelb, Durchmesser 0,7–1,5 cm, zu eins bis sechs pro Stängel, Blütenblätter kurz und breit; Blütezeit Juni–Oktober. **Vorkommen** Ostalpen, bis 3200 m; Felsspalten, Steinschutt, Kiesbänke. **Wissenswertes** Blätter wie Blüten seiner lockeren Polster ähneln flüchtig besehen denen eines Mauerpfeffers aus der Gattung Dickblattgewächse *(Sedum)*. Er gehört aber zu der viel weniger gegen Trockenheit resistenten Gattung Steinbrech. Daher bevorzugt er Kalkschuttfelder, die nach Norden geneigt sind.

- Blütenblätter etwa so lang wie Kelchblätter
- Blätter am Rand behaart

Séguiers Steinbrech

Saxifraga seguieri

Merkmale Höhe 2–7 cm; Blüten hellgelb bis trübgelb, Durchmesser 0,4–0,6 cm, zu eins bis drei pro Stängel, Blütenblätter etwa so lang wie Kelchblätter, die einzelnen Blütenblätter berühren sich nicht; Blätter am Rand behaart; Blütezeit Juli–August. **Vorkommen** Von den Savoyer Alpen bis Nordtirol, bis 3000 m; kalkfreier, ruhender Felsschutt, nasser Boden. **Wissenswertes** Der Artname ehrt den Botaniker Jean-François Séguier. Der Name der Gattung Steinbrech rührt daher, dass man früher wegen des Wuchsorts in Felsspalten fälschlicherweise auf Felssprengung durch die Pflanze geschlossen hat.

- Blüten in lockeren Rasen
- Blüten ähneln Schlüsselblumen
- heißt auch Gelber Mannsschild

Goldprimel

Vitaliana primuliflora

Merkmale Höhe 2–5 cm; Blüten goldgelb, Durchmesser 1–1,8 cm, Zipfel 0,4–0,9 cm lang; Blütezeit Mai–Juli. **Vorkommen** Zentralalpen vom Wallis bis Südtirol; lückenhafte Verbreitung; bis 3100 m; steinige Böden. **Wissenswertes** Die Goldprimel bevorzugt feuchten Silikatschutt, gehört dort zu den Pionierpflanzen und blüht bald nach der Schneeschmelze. Trotz ihres deutschen Namens gehört sie nicht zur Gattung der Primeln *(Primula)*. Manche Botaniker ordnen sie der Gattung Mannsschild zu und nennen sie *Androsace vitaliana*. Dort wäre sie dann die einzige gelb blühende Art.

> unverkennbar: Stängel mit 1 Paar – selten 2–3 Paaren – gegenständiger Blätter

Echte Arnika

Arnica montana

Merkmale Höhe 20–50 cm; Scheinblüte goldgelb bis dunkelgelb, Durchmesser 4–8 cm; Stängel meist unverzweigt; untere Blätter in einer Rosette; Blütezeit Juni–August. **Vorkommen** Gesamte Alpen, bis 2800 m; Bergwiesen, Viehweiden, Moore, saure Böden. **Wissenswertes** Tinkturen und Salben aus der aromatisch duftenden Arnika sind – vorschriftsmäßig verwendet – wertvolle Heilmittel. Sie wirken entzündungshemmend, keimtötend und schmerzstillend. Mit ihren oft etwas verdrehten Blütenblättern wirkt ihre Scheinblüte etwas »unordentlich«.

> kleine, windfeste »Schwester« des Wermuts
> hält Kälte und Hitze aus

Gletscher-Edelraute

Artemisia glacialis

Merkmale Höhe 5–15 cm; Scheinblüten goldgelb, Durchmesser 0,4–0,6 cm, zu drei bis zehn am Stängelende; Blütezeit Juli–September. **Vorkommen** Südliche Westalpen bis zum Simplonpass, bis 3200 m; kalkfreie Felsen und Gesteinsschutt. **Wissenswertes** Die über und über silberweiß behaarte Gletscher-Edelraute trägt halbkugelige Blütenstände, deren goldgelbe Scheinblüten dicht an dicht stehen. Die kleinen Blätter sind fein fingerförmig geteilt. Die Pflanze erträgt scharfen Wind und klirrende Kälte genauso wie Trockenheit und brütende Mittagshitze auf heißem Fels.

> klebriger Stängel ohne Stacheln
> kaum Blätter im oberen Bereich des Stängels

Klebrige Kratzdistel

Cirsium erisithales

Merkmale Höhe 50–180 cm; Scheinblüten hellgelb bis trübgelb, Durchmesser 2–3 cm; Blütezeit Juni–August. **Vorkommen** Ostalpen, südliche Westalpen, bis 1500 m; lichte Wälder, nährstoffreiche Stellen mit anderen hoch wachsenden Pflanzen. **Wissenswertes** Auf den ersten Blick wirkt die Klebrige Kratzdistel gar nicht distelartig und kratzig. Doch die dunkelgrünen, bis zu 30 cm langen und mit tiefen Einschnitten versehenen Blätter sind etwas stachelspitzig. Die stark nickenden Scheinblüten sitzen einzeln oder zu zwei bis drei nahe beieinander auf dem Stängel.

98–99

> wissenschaftlicher Artname bedeutet »Kratzdistel mit äußerst vielen Stacheln«

Alpen-Kratzdistel
Cirsium spinosissimum

Merkmale Höhe 20–50 cm; Scheinblüten blassgelb, Durchmesser 1,5–2 cm, dicht beieinander sitzend; Blütezeit Juni–August. **Vorkommen** Südliche Westalpen, Ostalpen, bis 3000 m; Viehweiden, Gesteinsschutt. **Wissenswertes** Die Scheinblüten sind von weißgelblichen oder bleichgrünen, stacheligen, lang zugespitzten Blättern umgeben, die sich nach oben biegen. Ausgewachsen wird die steife, stechende Distel vom Weidevieh gemieden. Die bizarre, ornamentale Pflanze wird von den einen als lästiges Weide-Unkraut, von anderen als aparte Schönheit empfunden.

> hat anders als das Orangerote Habichtskraut meist nur eine orange Scheinblüte pro Stängel

Gold-Pippau
Crepis aurea

Merkmale Höhe 5–20 cm; Scheinblüte orangerot-orangegelb, seltener feuerrot, Durchmesser 2–4,5 cm; Stängel meist blattlos und unverzweigt, oben schwarz behaart, meist nur eine Blüte pro Stängel; Blütezeit Juni–September. **Vorkommen** Westalpen, Ostalpen bis Nordtirol, bis 2800 m; Wiesen, Viehweiden, steinige, nicht zu trockene alpine Rasen. **Wissenswertes** Der Gold-Pippau lockt viele Nektar-Besucher und Bestäuber an. Vor allem Falter, aber auch Käfer, Fliegen, Bienen und andere Hummeln lassen sich auf seiner Scheinblüte nieder, die aus über 100 Einzelblüten bestehen kann.

> Gämswurz wird gern von Hirschen, Ziegen und Gämsen gefressen, daher der Name

Clusius' Gämswurz
Doronicum clusii var. *clusii*

Merkmale Höhe 10–25 cm; Scheinblüte gelb, Durchmesser 4,5–6,5 cm; untere Blätter 1,5–4-mal so lang wie breit; Blütezeit Juli–September. **Vorkommen** Zentralalpen, Westalpen, bis 2500 m; Felsschutthalden. **Wissenswertes** Gämswurzen gehören zu den »Schuttstreckern«. Rutscht Gesteinsschutt nach und auf sie, so »strecken sie sich«: Sie arbeiten sich durch Verlängerung und Erstarkung aufrechter Triebe durch den groben Schutt. Clusius' Gämswurz ist auf kalkarmes, silikatisches Gestein spezialisiert, doch in den Südalpen wächst sie auch in Kalkgebieten.

> die Stängel strecken sich durch den Gesteinsschutt aufwärts
> große Blüten

Großblütige Gämswurz

Doronicum grandiflorum

Merkmale Höhe 10–50 cm; Scheinblüte gelb bis goldgelb, Durchmesser 4–7,5 cm; untere Blätter 1–1,5-mal so lang wie breit; Blütezeit Juli–August. **Vorkommen** Vor allem Kalkalpen, bis 3000 m; Kalkfelsschutthalden, feuchte Standorte, die lange von Schnee bedeckt sind. **Wissenswertes** Diese Art ist auf Kalkgestein spezialisiert und ersetzt dort die auf kalkarmen Geröllhalden vorkommende Clusius' Gämswurz (siehe S. 100). Wie bei dieser genauer beschrieben, arbeiten sich die Stängel anschmiegsam durch den nachgerutschten Schutt nach oben, wenn sie verschüttet worden sind.

> Blüten glockenförmig, dunkel punktiert
> Bitterstoffe dienen als Fraßschutz

Tüpfel-Enzian

Gentiana punctata

Merkmale Höhe 20–60 cm; Blüten hellgelb, selten goldgelb oder rötlich, Länge 2–3,5 cm, zu mehreren am Stängelende und in Blattachseln; Blütezeit Juni–September. **Vorkommen** Vor allem Zentral- und Südalpen, bis 2800 m; Viehweiden, Zwergstrauchheiden; auf kalkarmem Boden. **Wissenswertes** Wie bei anderen Enzian-Arten werden die Wurzeln zum Schnapsbrennen und als Arzneimittel verwendet. Die extrem bitteren Stoffe in den Wurzeln und anderen Pflanzenteilen schützen davor, gefressen zu werden. Deshalb können sich Enziane auf Weidewiesen gut halten.

> festigt Geröll
> Früchte mit langen Haarschöpfen
> enthält Nelkenöl

Kriechende Nelkenwurz

Geum reptans

Merkmale Höhe 5–20 cm; Blüten tiefgelb, verhältnismäßig groß, Durchmesser 3–4,5 cm; Blütezeit Juli–August. **Vorkommen** Vor allem Zentralalpen, bis 3040 m; feuchte Felsschutthänge. **Wissenswertes** Ähnlich wie die Silberwurz, Berg-Nelkenwurz und Alpen-Küchenschelle hat die Kriechende Nelkenwurz wegen der zerzaust-haarigen, bis zu 3 cm langen »Haarschöpfe« ihrer Früchte originelle Volksnamen wie Gletscher-Petersbart, Grantiger Jager und Haarmandli. Weil sie Nelkenöl und Gerbstoffe enthalten, wurden sie auch als Gewürznelken-Ersatz genutzt.

> Stängel und Blätter ziemlich dicht dunkel behaart
> sehr viele ähnliche Arten

Alpen-Habichtskraut
Hieracium alpinum

Merkmale Höhe 5–20 cm; Blütenstand hellgelb-blassgelb, Durchmesser 2,5–4 cm, meist einzeln auf unverzweigtem, nicht hin- und hergebogenem Stängel, Kelchblätter zottig behaart; Blütezeit Juli–August. **Vorkommen** Vor allem Zentral- und Südalpen, bis 3255 m; kalkarme alpine Rasen, Viehweiden. **Wissenswertes** Unter den Habichtskräutern gibt es sehr viele Arten mit zahlreichen Unterarten. Sie sind teilweise sehr schwer zu bestimmen und einzuordnen, dazu kommen auch viele Kreuzungen vor. Allein in Deutschland werden etwa 180 Arten unterschieden.

> kräftiger, oben dickerer Stängel
> ähnelt einem Löwenzahn
> eine Scheinblüte pro Stängel

Einköpfiges Ferkelkraut
Hypochaeris uniflora

Merkmale Höhe 20–50 cm; Scheinblüte hell goldgelb, Durchmesser 4–7 cm, besteht aus flachen Einzelblüten; Stängel enthält Milchsaft; Blätter bilden eine Rosette; Blütezeit Juli–September. **Vorkommen** Fast gesamte Alpen, bis 2500 m; Wiesen, Viehweiden. **Wissenswertes** Der Name »Ferkelkraut« kommt vermutlich daher, dass das Gewöhnliche Ferkelkraut *(H. radicata)* früher oft auf Schweineweiden wuchs oder von Ferkeln gern gefressen wurde. »Einköpfig« bedeutet, dass die Pflanze nur eine Scheinblüte pro Stängel trägt. Dieser verbreitert sich unter der Scheinblüte auf mehr als 0,5 cm.

> röhrig-glockige Blüten und Blattränder mit Fransen
> auch *Sempervivum globiferum*

Gewöhnliche Fransenhauswurz
Jovibarba globifera

Merkmale Höhe 8–35 cm; Blüten blassgelb, Länge 0,8–2 cm, röhrig-glockig mit fransigen Auswüchsen, in anfangs dichtem Blütenstand; Grundblätter bilden Rosetten mit 0,5–7 cm Durchmesser; Blütezeit Juli–September. **Vorkommen** Ostalpen, Westalpen: Meeralpen und Gran-Paradiso-Gegend, bis 2000 m. **Wissenswertes** Die kugeligen Ableger sitzen meist ringförmig auf der Mutter-Rosette und rollen später herunter. Die Art kommt in den Alpen in mehreren Unterarten vor, die räumlich teils weit getrennt oder teils an unterschiedliches Gestein angepasst sind.

- schwefelgelbe Blüte
- Früchte mit zerzausten Haarschöpfen

Schwefel-Anemone

Pulsatilla alpina subsp. *apiifolia*

Merkmale Höhe 10–50 cm; Blüten schwefelgelb, Durchmesser 3–6,5 cm, sechs bis neun Blütenblätter; Blütezeit Mai–August. **Vorkommen** Westalpen, Ostalpen bis Osttirol, bis 2700 m; kalkfreie alpine Rasen. **Wissenswertes** Die unteren Blätter sind zur Blütezeit wenig entwickelt, doch am Stängel sitzt ein Quirl aus drei Blättern. Wie die Silberwurz und Nelkenwurz-Arten hat diese Art wegen der zerzaust-haarigen Fruchtschöpfe originelle Volksnamen wie Petersbart, Teufelsbart oder Bocksbart. In den Kalkalpen wächst eine weiß blühende Unterart, die Große Alpen-Küchenschelle.

- sternförmige, gelbe Blüten
- Blattrosette, innere Blätter oft kegelförmig geschlossen

Wulfens Hauswurz

Sempervivum wulfenii

Merkmale Höhe 10–30 cm; Blüten klargelb bis fahlgelb-olivgrün, Durchmesser 2,5–4 cm, zu zehn bis 18 im Blütenstand, Blütenblätter mit rotvioletter Basis; Blütezeit Juli–August. **Vorkommen** Ostalpen: Engadin, Bergell und Bergamasker Alpen bis Bachergebirge und Fischbacher Alpen, bis 3285 m; kalkfreie, steinige alpine Rasenhänge, lückige Zwergstrauchheiden. **Wissenswertes** In den Westalpen kommt vom Piemont bis zum Simplonpass (Wallis) eine weitere ebenfalls gelb und sternförmig blühende Hauswurz mit größeren Blüten vor: die Großblütige Hauswurz *(S. grandiflorum)*.

- orange Blüten
- feingliedrige Blätter, ähneln denen der Eberraute

Eberrauten-Greiskraut

Senecio abrotanifolius

Merkmale Höhe 10–40 cm; Scheinblüte leuchtend orangegelb bis rotorange, Durchmesser 2,5–4 cm, zu eins bis fünf pro Stängel; Blütezeit Juli–September. **Vorkommen** Ostalpen, Westalpen bis Wallis, bis 2700 m; Berg-Kiefern-Bestände, Zwergstrauchheiden, Viehweiden. **Wissenswertes** Wie sich auch aus der Bezeichnung »Eberreisblättriges Greiskraut« erschließt, kommt der Name daher, dass die feingliedrigen und etwas steifen Blätter denen der Eberraute *(Artemisia abrotanum)* ähneln, die man früher als Gewürz und als Heilpflanze verwendete.

106–107

> Blätter etwas ledrig, leicht graufilzig und im Unterschied zur Arnika wechselständig

Gämswurz-Greiskraut

Senecio doronicum

Merkmale Höhe 20–50 cm; Scheinblüten gold- bis orangegelb, Durchmesser 3–6 cm, zu eins bis fünf pro Stängel; Blätter ledrig, wechselständig; Stängel sehr locker beblättert; Blütezeit Juli–August. **Vorkommen** Fast gesamte Alpen, bis 3100 m; steinige alpine Rasen, felsige Hänge, ruhender Schutt, auf Kalk. **Wissenswertes** Der Name Greiskraut für die Gattung kommt vermutlich daher, dass nach der Blütezeit die weißlichen Haarkronen der Früchte an weißgraue Greisenhaare erinnern. Aus »Greiskraut« wurde bisweilen »Kreuzkraut«, ein Name, der mitunter auch für die Gattung verwendet wird.

> meist graufilzige Blätter
> gelbe Scheinblüten in fast halbkugeligem Blütenstand

Krainer Greiskraut

Senecio incanus subsp. *carniolicus*

Merkmale Höhe 4–12 cm; Scheinblüten gelb bis orangegelb, Durchmesser 1–1,5 cm, zu zwei bis 15 pro Stängel in kompaktem Blütenstand; Blütezeit Juli–September. **Vorkommen** Vor allem Ostalpen, Westalpen bis ins Wallis, bis 3000 m; steinige alpine Rasen, Steinschutt. **Wissenswertes** Die Krain ist eine durch die Karawanken geprägte Landschaft in Slowenien. Das Krainer Greiskraut hat meist graufilzige Blätter, die später oft verkahlen und manchmal bis zur Mitte eingeschnitten sind. Es wird in Österreich auch als »Gelber Speik« bezeichnet.

> kugelförmig geschlossene Blüten
> handförmig geteilte Blätter

Europäische Trollblume

Trollius europaeus

Merkmale Höhe 20–60 cm; Blüten schwefelgelb, Durchmesser 2–3,5 cm; Blütezeit Mai–Juli. **Vorkommen** Gesamte Alpen, bis 2650 m; feuchte Wiesen, Bachufer. **Wissenswertes** Die Blüten bestehen aus zehn bis 15 Blütenblättern, die sich kugelig zusammenneigen. Kleine Fliegen, Bienen und Käfer gelangen durch enge Zwischenräume ins geschützte Innere zu den Honigblättern und den vielen Staubblättern mit Pollen. Manche legen dort auch ihre Eier ab. Der Name »Trollblume« kommt wohl daher, dass man dicke, plumpe Menschen Troll bzw. Trulle nannte.

108–109

> mit ihm wurden Wolfsköder vergiftet
> heißt auch »Gelber Eisenhut«

Wolfs-Eisenhut

Aconitum lycoctonum subsp. *lycoctonum*

Merkmale Höhe 40–180 cm; Höhe des Blütenstandes 10–25 cm, Blütenlänge 2–3 cm, oberstes Blütenblatt schmal helmförmig; Blütezeit Juni–August. **Vorkommen** Gesamte Alpen, bis 2100 m; Bergwälder, Viehweiden, Wiesen. **Wissenswertes** Eisenhut-Arten gehören zu den gefährlichsten Giftpflanzen. Vom Altertum bis in die Neuzeit wurden sie für die Giftpfeile der Kelten, zum Hinrichten von Sträflingen, für Giftmorde und zum Vergiften von Ködern für Wölfe und Füchse verwendet. Der wissenschaftliche Artname »lycoctonum« bedeutet so viel wie »Wolfstöter«. Giftig.

> nur in den Südwestalpen
> dichte, aufrechte und kurzwalzenförmige Blütenstände

Fuchsschwanz-Tragant

Astragalus centralpinus

Merkmale Höhe 50–100 cm; Blüten blassgelb, Länge 1,5–2 cm, Kelch weiß behaart, zu 30–80 in walzenförmigem, bis 7 cm hohem Blütenstand; Blätter gefiedert; Blütezeit Mai–August. **Vorkommen** Westalpen: Aostatal, Meeralpen, Hautes-Alpes, bis 1600 m; alpine Rasen, lichte Bergwälder. **Wissenswertes** Die Blütenblätter sind bei allen Tragant-Arten gelenkig miteinander verbunden. Wenn Hummeln oder Schmetterlinge auf dem unteren Teil der Blüte landen, wird ein Klappmechanismus ausgelöst und der Pollen sowie die weiblichen Geschlechtsorgane treten hervor.

> schuhförmig aufgeblasenes Blütenblatt ist eine raffinierte Kesselfalle

Gelber Frauenschuh

Cypripedium calceolus

Merkmale Höhe 15–80 cm; Blüten rotbraun und gelb, meist zu ein bis zwei, gelbes Blütenblatt bauchig aufgeblasen, mit 3–8 cm Länge sehr groß; Blätter zu zwei bis vier am Stängel, breit-oval; Blütezeit Mai–Juli. **Vorkommen** Gesamte Alpen, bis 1700 m; lichte Wälder, Gebüsche, auf Kalk. **Wissenswertes** Das schuhförmige Blütenblatt ist eine Falle. Die Insekten rutschen ab und fallen in den Schuh. Herausklettern können sie nur über die hintere, behaarte Wand. Dabei passieren sie die Geschlechtsorgane, bestäuben die Orchidee mit mitgebrachtem Pollen und nehmen deren Pollen mit.

> Blüten gelb und dunkel purpurrot
> sitzen auf nach oben gebogenen Trieben

Alpen-Hornklee
Lotus alpinus

Merkmale Höhe 5–10 cm; Blüten 1–1,8 cm lang, zu eins bis drei auf dem Stängel; Blütezeit Mai–August. **Vorkommen** Vor allem Westalpen, bis 3000 m; alpine Rasen, Schutt, angeschwemmte Böden, auf Kalk. **Wissenswertes** Der Name Hornklee kommt wohl von den beiden unteren, miteinander verwachsenen Blütenblättern, die wie die Knospen hornartig gekrümmt sind. In den Alpen kommt auch der Gewöhnliche Hornklee vor, der drei bis acht Blüten pro Stängel hat. Nach der Bestäubung wird die Blüte oft gänzlich orangerot. Das zeigt den Insekten, dass sie ausgebeutet ist.

> aus dem Blütenstand ragen grüne Blättchen heraus

Durchblättertes Läusekraut
Pedicularis foliosa

Merkmale Höhe 15–50 cm; Blüten schwefelgelb bis weißlich gelb, Länge 2–2,5 cm, walzenförmiger Blütenstand; Blütezeit Juni–August. **Vorkommen** Vor allem Nördliche Kalkalpen, bis 2500 m; nährstoffarme und feuchte alpine Rasen. **Wissenswertes** Mit einer Abkochung aus Läusekraut soll man früher Läuse bekämpft haben. Die Läusekräuter der Alpen haben »farnartig« fein zerfiederte Blätter, die an Blätter der Schafgarbe erinnern. In die Blüten können sich nur kräftige Hummeln zwängen. Findige kleinere Hummeln beißen seitlich ein Loch in die Blüte, um an den Nektar zu kommen.

> Blätter im Blütenstand kürzer als Blüten
> Blüten am oberen Ende braunrot

Buntes Läusekraut
Pedicularis oederi

Merkmale Höhe 4–15 cm; Blüten goldgelb, an ihrem oberen Ende rotbraun oder purpur, 1,2–2,4 cm lang, zu zehn bis 30 im Blütenstand; Blätter als Rosette unten; Blütezeit Juni–August. **Vorkommen** Zentrum der Alpen, südliche Ostalpen, bis 2500 m; feuchte, steinige alpine Rasen. **Wissenswertes** Wegen der Blütenfärbung heißt dieses Läusekraut »Buntes Läusekraut«. Läusekräuter sind Halbschmarotzer, sie zapfen die Wurzeln anderer Pflanzen an und entziehen ihnen Wasser und Mineralstoffe. Diese Art macht dies oft bei der Polster-Segge *(Carex firma)* und dem Kalk-Blaugras *(Sesleria albicans)*.

112–113

- verdrehte Blüten
- kurzer Blütenstand
- Wurzeln mit knolligen Anschwellungen

Knolliges Läusekraut
Pedicularis tuberosa

Merkmale Höhe 10–25 cm; Blüten hellgelb, bis zu 90 Prozent um ihre Achse verdreht, Länge 1,4–2 cm, oben helmförmig mit einem 5 mm langen Schnabel; Stängel und Blattstiele behaart; Blütezeit Juni–August. **Vorkommen** In den Nordalpen vereinzelt, ansonsten gesamte Alpen, bis 2500 m; Wiesen, Viehweiden; kalkarmer Boden. **Wissenswertes** Die Wurzeln haben eine knollige Anschwellung, daher kommt der Name. Der dichte Blütenstand ist anfangs kurz, später nach unten verlängert. Von oben gesehen wirkt er durch die verdrehten Blüten eigenartig.

- die goldgelben Blüten werden nach dem Verblühen schokoladebraun

Braun-Klee
Trifolium badium

Merkmale Höhe 5–25 cm; Blüten 0,6–0,9 cm lang, Blüten zu 15 bis 50 in einem Blütenstand, 1–2 cm Durchmesser; Blätter dreizählig; Blütezeit Juli–August. **Vorkommen** Gesamte Alpen, bis 3000 m; nährstoffreiche, feuchte Wiesen, Viehweiden, Quellfluren, in Kalkgebieten. **Wissenswertes** Der zunächst halbkugelige, dann kugelige bis eiförmige Blütenstand färbt sich mit der Zeit von unten nach oben dunkelbraun, da die unteren Blüten eher verblühen. Die verdorrten Blütenblätter bleiben mit den Früchtchen verbunden und dienen ihnen als Flugorgane.

- an schattige, feuchte Orte angepasst
- bei genügend Licht zwei Blüten pro Stängel

Zweiblütiges Veilchen
Viola biflora

Merkmale Höhe 5–20 cm; Blüten intensiv gelb, Durchmesser 1–1,5 cm, pro Stängel eine, manchmal zwei Blüten; Blätter gestielt, nierenförmig; Blütezeit Mai–Juli. **Vorkommen** Gesamte Alpen, bis 2500 m; schattige, feuchte Orte, auf Kalk. **Wissenswertes** Dieses Veilchen gedeiht nur an Stellen mit hoher Luftfeuchtigkeit. Fliegen lassen sich auf dem untersten Blütenblatt nieder. Die braunen Linien darauf weisen ihnen den Weg zum Nektar, der sich in dem Sporn befindet. Da der Sporn nur 1–3 mm lang ist, müssen die Rüssel der Fliegen nur 2–3 mm lang sein, um den Nektar zu erreichen.

> Blattunterseite silbrig behaart
> oft kugelige Wassertropfen auf dem Blatt

Alpen-Frauenmantel
Alchemilla alpina

Merkmale Höhe 5–30 cm; Blüten klein, aus zweimal vier gelbgrünen Kelchblättern gebildet; Blätter fingerförmig geteilt; Blütezeit Juni–August. **Vorkommen** Gesamte Alpen, bis 2800 m; Wiesen und Zwergstrauchheiden. **Wissenswertes** Wegen der silbrigen Behaarung wird der Alpen-Frauenmantel auch als »Silbermänteli« bezeichnet. Der Name »Frauenmantel« kommt daher, dass die Form des Blatts beim Gewöhnlichen Frauenmantel an den Schutzmantel einer Madonna erinnert. Die Blattränder können aktiv Wassertropfen ausscheiden. Diese perlen kugelig ab.

> Blütenstand schmal walzenförmig, hellbraun und mit weißlichen Blüten besetzt

Alpen-Wegerich
Plantago alpina

Merkmale Höhe 5–15 cm; Blüten 0,2–0,3 cm lang, weißlich, in 1–3 cm langem, walzenförmigem, hellbraunem Blütenstand; Blätter relativ schmal, unten in einer Rosette; Blütezeit Mai–August. **Vorkommen** Westalpen, Teile der Ostalpen, bis 2500 m; kalkarme Wiesen, Viehweiden. **Wissenswertes** Der Alpen-Wegerich ist eine typische Art der Alpweiden und Borstgras-Rasen. Die Futterpflanze duftet in trockenem Zustand nach Liebstöckel oder Schabziger. Der verwandte Berg-Wegerich hat einen nur bis 1,5 cm langen Blütenstand. Auch Breit- und Spitz-Wegerich kommen in den Alpen vor.

> riesig große Blätter
> Weide-Unkraut
> früher vielfältig genutzt

Alpen-Ampfer
Rumex alpinus

Merkmale Höhe 60–120 cm; Blütenstand rotbraun-grünlich; Blätter bis 50 cm lang und bis 35 cm breit, oval bis herzförmig, mit welligem Rand; Stängel gerillt; Blütezeit Mai–August. **Vorkommen** Gesamte Alpen, bis 2500 m; Umgebung von Alphütten, ehemalige und aktuelle Viehweiden, überdüngte Wiesen. **Wissenswertes** Dieser vom Vieh verschmähte Ampfer zeigt Überweidung an. Die Blätter der heute nur als Weide-Unkraut angesehenen Pflanze wurden früher zur Kühlung von Wunden, als Schweinefutter, zum Einwickeln von Butter und als Abführmittel genutzt.

> bevorzugt feuchte Standorte
> duftet zart nach Moschus
> Blütenstand ähnelt Würfel

Moschuskraut
Adoxa moschatellina

Merkmale Höhe 5–15 cm; Blüten hellgrün, unscheinbar; Stängel mit zwei dreigeteilten, gegenständig angeordneten Blättern; Blütezeit März–Mai. **Vorkommen** Gesamter Alpenraum, bis 2100 m; feuchter, nährstoffreicher Boden, an schattigen Stellen. **Wissenswertes** Die Endblüte oben hat vier Blütenblätter, doch die vier Seitenblüten haben meist fünf Blütenblätter. Das Moschuskraut überwintert mit seinen kräftigen Wurzeln. Bei trockenem Wetter oder wenn es verwelkt, duftet es schwach nach Moschus. Früher legte man es deshalb zur Wäsche in den Schrank.

> grüne Blüte aus Kelchblättern
> Wurzel wurde früher zu Niespulver verarbeitet

Grüne Nieswurz
Helleborus viridis

Merkmale Höhe 15–50 cm; Blüten hell gelbgrün, Durchmesser 4–7 cm, hängend; Stängel nur an Verzweigungen beblättert; Blütezeit Februar–April. **Vorkommen** Gesamte Alpen mit Verbreitungslücken, bis 1000 m; lichte Wälder, Gebüsche, auf Kalk. **Wissenswertes** Die Laubblätter gehen in die ebenfalls grünen »Blütenblätter« über, bei denen es sich jedoch um Kelchblätter handelt. Bei diesem urtümlichen Blütentyp erkennt man gut, dass sich Blütenblätter ursprünglich aus grünen Blättern entwickelt haben. Aus dem getrockneten Wurzelstock der Pflanze wurde früher Niespulver gemacht. Giftig.

> bildet moosähnliche Polster
> unempfindlich gegen Austrocknung durch Wind

Zwerg-Miere
Minuartia sedoides

Merkmale Höhe 2–6 cm; Blüten cremefarben, weißgrün oder hellgrün, Durchmesser 0,3–0,6 cm, eine Blüte pro Stängel; schmale, derbe, abstehende Blätter; Blütezeit Juli–August. **Vorkommen** Gesamte Alpen, bis 3800 m; vegetationsarme, windige Grate, Felsen, feiner Gesteinsschutt, alpine Rasen. **Wissenswertes** Die Zwerg-Miere ist eine ausgesprochene Pionierpflanze sehr großer Höhen und fasst dort oft als erste Blütenpflanze Fuß. Meistens fehlen die kleinen, fadenförmigen Blütenblätter. Dann besteht die Blüte nur aus den fünf hellgrünen Kelchblättern.

118–119

- seltene Orchidee
- rotbraun gefärbte Blüten
- duftet bei warmem Wetter nach Vanille

Rotbraune Ständelwurz

Epipactis atrorubens

Merkmale Höhe 15–80 cm; Blüten dunkelpurpur-rotbraun bis violettbraun, Durchmesser 1–1,5 cm, zu drei bis 50 im Blütenstand; Stängel oben rötlich violett; Blütezeit Juni–August. **Vorkommen** Gesamte Alpen, bis 2400 m; lichte Wälder, steinige Hänge, auf Kalkuntergrund. **Wissenswertes** Diese Orchidee wächst im Gegensatz zur Sumpf-Ständelwurz *(E. palustris)* auf trockenen und warmen Standorten. Sie ist eine Pionierart und besiedelt auch extrem trockene Stellen. Außerhalb der Alpen kommt sie sogar auf Sanddünen vor und wurde dort »Strandvanille« genannt.

- zwei dreieckig-herzförmige Grundblätter
- bis zu zwölf Blüten in lockerem Blütenstand

Kleines Zweiblatt

Listera cordata

Merkmale Höhe 5–20 cm, meist nur bis 10 cm; Blüten grün bis weinrot, teils rotbraun, Durchmesser 0,5–1 cm, zu vier bis zwölf in lockerem, 2–3,5 cm hohem Blütenstand; meist nur zwei Grundblätter; Blütezeit Mai–Juli. **Vorkommen** Westalpen, Ostalpen bis Nordtirol, bis 2000 m; moosige Nadelwälder. **Wissenswertes** Ihren Namen hat diese Orchidee zu Recht: Sie hat zwei dreieckig-herzförmige Blätter und heißt deshalb auch Herzblättriges Zweiblatt. Sie ist die kleinste Orchidee Deutschlands. Mit etwas Fantasie kann man im unteren Blütenbereich eine kleine Menschenfigur erkennen.

- keine Fotosynthese
- reiner Parasit
- ernährt sich völlig von einem Pilz im Boden

Vogel-Nestwurz

Neottia nidus-avis

Merkmale Höhe 15–40 cm; Blüten hellbraun bis ockergelb, Durchmesser 0,8–1,5 cm, duften schwach nach Honig, zu 20 bis 60 in 5–20 cm hohem Blütenstand; Blütezeit Mai–Juli. **Vorkommen** Gesamte Alpen, bis 1600 m; Laubwälder, auf Kalk. **Wissenswertes** Stängel, Blüten und die schuppenförmigen Blätter dieser Orchidee sind alle gleich gelbbraun gefärbt. Sie betreibt keine Fotosynthese, sondern bezieht alle Nährstoffe von ihrem Wurzelpilz, der Waldbäume nach Zucker anzapft und ihnen dafür Mineralsalze und Wasser liefert. So kann die Vogel-Nestwurz in dunklen Wäldern leben.

120–121

Register

Bildnachweis/Impressum

Mit 176 Farbfotos von **Hassler/Hecker** 31/3, 33/3, 59/3, 61/1, 65/2, 71/1, 73/1, 89/1, 95/1, 111/2, 113/2, 115/1, 117/3; **Hecker** 35/1, 81/1, 109/3; **Hecker/Blickwinkel** 17/2, 45/2, 67/2, 121/1, 121/2; **Merz/Hecker** 109/1, 113/3; **Horak** 63/3, 69/1, 69/2; **Sauer/Hecker** 4, 79/1, 79/2, 121/3; **Werner** 1, 5l, 5r, 6, 7, 35/2, 37/1, 61/3, 89/2, 99/3, 105/3. Alle übrigen Fotos von **Haberer** (147). Mit 4 Symbolen von **Lang**, 14 Illustrationen von **Lang** und 1 Karte von **Wolfgang Lang**.

Umschlaggestaltung von eStudio Calamar unter Verwendung von 3 Farbfotos von Christa Eder/fotolia (Stängelloser Enzian) sowie auf der Umschlagsrückseite von Werner (Alpen-Edelweiß und Rostblättrige Alpenrose)

Unser gesamtes lieferbares Programm und viele weitere Informationen zu unseren Büchern, Spielen, Experimentierkästen, DVDs, Autoren und Aktivitäten finden Sie unter **www.kosmos.de**

FSC www.fsc.org
MIX
Papier aus verantwortungsvollen Quellen
FSC® C015829

Gedruckt auf chlorfrei gebleichtem Papier

ISBN 978-3-440-12576-2
Projektleitung: Carsten Vetter
Lektorat, Satz, Bildauswahl: Barbara Kiesewetter, München
Produktion: Markus Schärtlein
Printed in Italy / Imprimé en Italie

Auf einen Blick.
Natur neu entdecken.

Für die Jackentasche

War das ein Star oder eine Amsel? Der Vogelführer zeigt die 126 bekanntesten Gartenvögel. Ob Kuckuck, Drossel oder Elster – hier finden Sie alle typischen Merkmale auf einen Blick.

Volker Dierschke
Welcher Gartenvogel ist das?
ISBN 978-3-440-11809-2

Jeder Band mit 128 Seiten, ca. 200 Abb., je €/D 4,95

978-3-440-11819-1

978-3-440-11807-8

978-3-440-12576-2

978-3-440-12579-3

978-3-440-11806-1

www.kosmos.de/natur

Hilfreiche Fachausdrücke im Bild

Blüten

strahlig-symmetrisch:
mit mindestens drei Symmetrieebenen

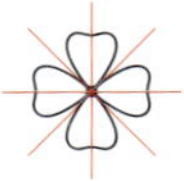

vier Blütenblätter

fünf Blütenblätter

mehr als fünf Blütenblätter

zweiseitig-symmetrisc
zwei spiegelbildliche Hälf
ten, eine Symmetrieeben

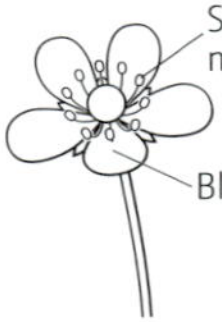

aufrechte Blüte

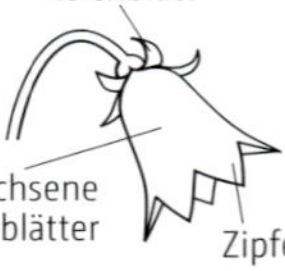

glockige Blüte

Scheinblüte
(eine Variante eines Blütenstands)

Blattformen

dreizählig

gefingert

handförmig

paarig gefiedert

unpaarig gefiedert

Blattstellung

quirlständig

wechselständig

gekreuzt gegenständig

Wuchsformen

Grundrosette

Rosette

polsterförmig